职业教育网络信息安全专业系列教材

网站建设与管理

主　编　张宝慧　张治平

副主编　贾秀明　梁　毅　赵　军　宋玉玲　杨晓燕

参　编　李　坤　吴家海　姜睿波　曹　恒

　　　　陆发芹　黄　琨　邹贵财　曾俊文

U0218656

机 械 工 业 出 版 社

INFORMATION
SECURITY

本书采用项目引领、任务驱动的编写模式，侧重于培养学生解决问题的能力。本书共6个项目，包括设计与开发网站、网站制作实用技术、PHP 程序基础、MySQL 安全配置、开发 PHP 网站、发布与维护网站，共28个任务。内容丰富、简明扼要、通俗易懂，具有较强的可操作性。

本书可作为各类职业院校网络信息安全及相关专业的教材，也可作为信息安全爱好者的参考用书。

本书配有 PPT 电子课件、素材，选用本书作为教材的教师可登录机械工业出版社教育服务网（www.cmpedu.com）免费注册后下载，或联系编辑（010-88379194）索取。

图书在版编目（CIP）数据

网站建设与管理/张宝慧，张治平主编. —北京：机械工业出版社，2019.9
（2024.1重印）

职业教育网络信息安全专业系列教材

ISBN 978-7-111-63755-4

Ⅰ. ①网… Ⅱ. ①张…②张… Ⅲ. ①网站建设—职业教育—教材

Ⅳ. ①TP393.092.1

中国版本图书馆CIP数据核字（2019）第205779号

机械工业出版社（北京市百万庄大街22号 邮政编码100037）

策划编辑：梁 伟 责任编辑：梁 伟 李绍坤

责任校对：马立婷 封面设计：鞠 杨

责任印制：常天培

北京机工印刷厂有限公司印刷

2024年1月第1版第4次印刷

184mm×260mm · 11.5印张 · 282千字

标准书号：ISBN 978-7-111-63755-4

定价：33.00元

电话服务 网络服务

客服电话：010-88361066 机 工 官 网：www.cmpbook.com

010-88379833 机 工 官 博：weibo.com/cmp1952

010-68326294 金 书 网：www.golden-book.com

封底无防伪标均为盗版 机工教育服务网：www.cmpedu.com

前言

本书采用项目引领、任务驱动的教学模式，侧重于培养学生解决问题的能力。本书共6个项目，包括设计与开发网站、网站制作实用技术、PHP 程序基础、MySQL 安全配置、开发 PHP 网站、发布与维护网站，共 28 个任务，每个任务精心设计了任务分析、相关知识、任务实施、温馨提示、扩展阅读、任务评价等模块，较详细地介绍了网站建设与管理各个环节的具体操作方法，内容丰富、简明扼要、通俗易懂，并且具有较强的可操作性。本书以适用、够用、实用为度，力求做到学以致用，在"做中学，学中做"，为提高学生的就业能力打下坚实的基础。

教学建议如下：

项 目	动手操作学时	理论学时
项目 1 设计与开发网站	8	4
项目 2 网站制作实用技术	12	6
项目 3 PHP 程序基础	8	4
项目 4 MySQL 安全配置	8	4
项目 5 开发 PHP 网站	10	4
项目 6 发布与维护网站	8	4

本书由河北经济管理学校的张宝慧和佛山市顺德区胡锦超职业技术学校的张治平担任主编，武汉市第一商业学校的贾秀明、石家庄市高级技工学校的梁毅、佛山市顺德区胡锦超职业技术学校的赵军、河北经济管理学校的宋玉玲、宁夏职业技术学院的杨晓燕担任副主编。参加编写的还有河北经济管理学校的李坤；佛山市顺德区胡锦超职业技术学校的吴家海、邹贵财和曾俊文；武汉市第一商业学校的姜睿波和曹恒；北京市黄庄职业高中的陆发芹；石家庄市职业技术教育中心的黄琨。具体分工如下：张宝慧编写了项目 1 的任务 1 和任务 2，李坤编写了项目 1 的任务 3，宋玉玲编写了项目 1 的任务 4 和任务 5，陆发芹编写了项目 2 的任务 1～任务 3，黄琨编写了项目 2 的任务 4～任务 6，张治平编写了项目 3 的任务 1 和任务 2，赵军编写了项目 3 的任务 3，邹贵财编写了项目 3 的任务 4，曾俊文编写了项目 4，吴家海编写了项目 5 的任务 1～任务 3，杨晓燕编写了项目 5 的任务 4 和任务 5，曹恒编写了项目 5 的任务 5，梁毅编写了项目 6 的任务 1 和任务 2，姜睿波编写了项目 6 的任务 3，贾秀明编写了项目 6 的任务 4。最后，由张宝慧进行统稿。在本书的编写过程中，中科软科技股份有限公司的相关技术人员也给予了相应的技术支持并提出了一些修改意见。

由于编者水平有限，书中不足之处在所难免，恳请读者提出宝贵的意见或建议。

编 者

目 录

目　录

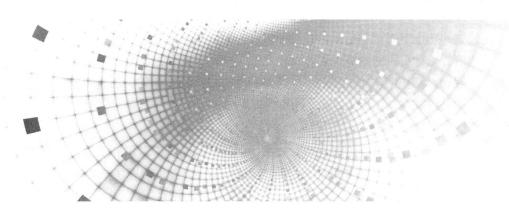

项目1 设计与开发网站

➢ 介绍网站设计常用工具。

➢ 利用网站框架布局网站页面。

➢ 利用 DIV+CSS 制作用户登录界面。

➢ 利用 DIV+CSS 制作网站的首页。

➢ 利用布局制作共享单车宣传网站。

学习目标

➢ 熟悉网站设计软件工具，掌握常用软件工具的应用方法。

➢ 熟悉框架和框架集的创建、保存及其相关操作，掌握使用框架布局网站界面的相关技能。

➢ 熟悉 DIV+CSS 知识技能应用，能够利用 DIV+CSS 布局网站界面。

➢ 熟悉网页布局常见的方法及各自的优势，掌握相关知识技能，能够灵活利用各种方法布局网站界面。

任务1 网站设计工具介绍

【学习目标】

1）了解网页设计的工具。

2）掌握不同网页设计工具的用法。

3）掌握不同网站设计工具的用法。

【任务分析】

伴随着网络的快速发展，网站快速兴起，成为上网的主要依托。优秀的网站逻辑清晰，能清楚地向浏览者传递信息，且页面设计精美，用户能得到美好的视觉体验。文字就是网页的内容；图片可以使网页美观。除此之外，网页的元素还包括动画、音乐、程序等。

因此，制作网站的过程中不但需要专业的网页制作软件，还需要各个网页所需要的素材元素的处理软件。本任务将从常用的网站制作工具软件入手进行介绍。

【相关知识】

网站制作工具是网站建设的首要条件之一。网站制作常用的工具主要包括网站的网页设计编辑排版工具、网页图像设计工具、网站上传工具和浏览器工具4种。

一、网页设计编辑排版工具

1）Dreamweaver。

2）UltraEdit。

3）EclipsePHP Studio。

4）Notepad++。

5）bcompare。

上面这几个软件在网页编辑排版制作中都经常使用，一般情况下，Dreamweaver 在制作 HTML 文件时使用，Notepad++ 是在写 CSS 时使用，偶尔也可以修改 HTML 文件和 PHP 文件，EclipsePHP Studio 是在写大型 PHP 项目时使用。

二、网页图像设计工具

1）Photoshop。

2）Flash。

3）Fireworks。

4）Adobe Illustrator。

5）CorelDRAW。

网页图像设计工具常使用 Photoshop 和 Fireworks，其他几个基本都是在专业设计时才会使用到，制作网页时一般很少使用。

三、网站上传工具

1）FlashFXP。

2）LeapFTP8。

3）CuteFTP。

4）FileZilla。

Windows 服务器下推荐使用 FlashFXP，Linux 服务器下推荐使用 SSH（Secure Shell Client），可以复制粘贴，相对比较容易。

四、浏览器工具

1）火狐浏览器的 Firebug 工具。

2）谷歌浏览器的审查元素。

3）IETester 多版本 IE 测试工具。

上面这3个浏览器工具都是经常要使用的，作为一名网站开发者可以说是必须安装的。

网站和网页设计常用工具软件

1）Photoshop 图像处理软件，如图 1-1 所示。

图　1-1

2）GIF Animator 动画处理软件。

3）Dreamweaver 网站和网页设计软件。

4）Flash 动画制作软件，如图 1-2 所示。

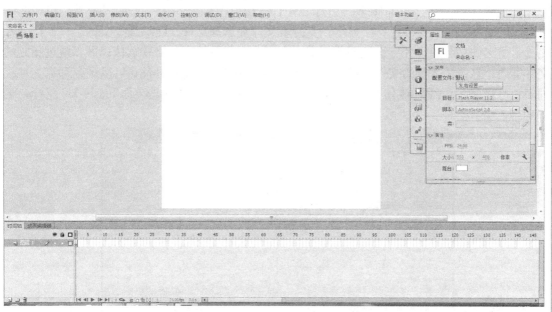

图　1-2

1. Photoshop 简介

Photoshop 作为图像处理主流软件之一，具有以下特点及功能：

1）支持大量的图像文件格式。

2）文本处理更加方便，可在任何时候修改文本内容，并可以对文本层进行多种格式设置。

3）增强的色彩功能，提供了更广泛的色彩范围。

4）增强图层的功能，可以建立文本层、效果层，并增加了图层操作命令。

5）丰富的滤镜功能。

6）具有"Actions（动作）选项板"，能对图像处理操作进行有效的控制管理。无限的撤销和重复操作为图像处理提供了更广泛的空间。

7）具有"魔术棒""磁性套索"等工具。

2. Flash 简介

Flash 是用于制作适合网络传输的流媒体动画的软件。Flash 动画文件具有体积小、可边下载边播放、多媒体交互性等特点。

1）Flash 与 Dreamweaver、Photoshop 具有相同风格的快速启动栏、浮动面板、菜单栏、工具箱等。

2）它提供了与 Photoshop 基本相同的绘图工具，因此对于熟悉 Photoshop 的用户基本可以不用重新学习就可以绘图。

3）利用关键帧和元件等技术可以轻易地制作出各类动画。

4）它提供了层技术，使动画的各个组成部分既分又合，方便制作和修改。

5）它支持许多图像、声音、视频格式，这些多媒体文件均可以直接导入动画中，从而使 Flash 动画声像并茂。

6）提供了较完善的 ActionScript 脚本语言，可以为动画加入交互效果。

【任务实施】

远程服务器上传工具有很多，诸如 8UFTP、CuteFTP、BpFTP、LeapFTP 等，FlashFXP 可以比较文件夹，支持彩色文字显示；支持多文件夹选择文件，能够缓存文件夹；支持文件夹（带子文件夹）的文件传送、删除；支持上传、下载及第三方文件续传；可以跳过指定的文件类型，只传送需要的文件；可以自定义不同文件类型的显示颜色；可以缓存远端文件夹列表；可以显示或隐藏具有"隐藏"属性的文件、文件夹等。双击桌面 FlashFXP 图标，运行 FlashFXP，如图 1-3 所示。

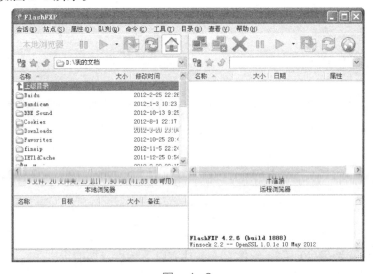

图 1-3

FlashFXP 主界面分为 4 个工作区，如图 1-4 所示。

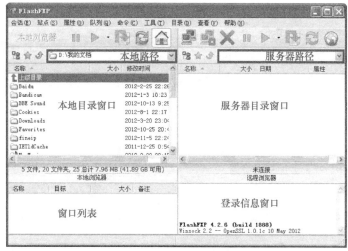

图 1-4

1）本地目录窗口：默认显示的是整个磁盘目录，可以通过下拉列表选择本地目录，以准备开始上传。

2）服务器目录窗口：用于显示 FTP 服务器上的目录信息，在列表中可以看到文件名称、大小、类型、最后更改日期等。窗口上面显示的是当前所在位置路径。

3）窗口列表：显示"队列"的处理状态，可以查看队列中准备上传的目录列表或文件列表。

4）登录信息窗口：FTP 命令行状态显示区，通过登录信息能够了解到目前的操作进度，执行情况等，诸如登录、切换目录、文件传输大小、是否成功等重要信息，以便确定下一步的具体操作。

步骤一

选择"站点"→"站点管理器"命令，打开"站点管理器"对话框，操作步骤如图 1-5 所示。

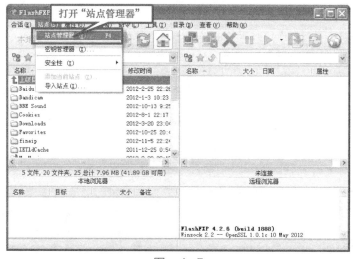

图 1-5

步骤二

单击"新建站点"按钮修改"站点名称",如图1-6所示。

图 1-6

输入 IP 地址:在这里只要填写自己的域名就可以了

端口:FTP 设置的默认端口就是 21。

用户名称:填写服务器设置的用户名。

密码:******。

单击"应用"按钮,FTP 服务器建好了,如图1-7所示。

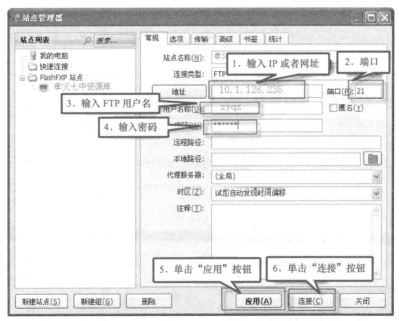

图 1-7

步骤三

单击"连接"按钮连接服务器，就可以开始上传或下载文件，如图1-8所示。

图　1-8

温馨提示

网页设计要点

网页设计的两大要点是整体风格和色彩搭配。

1. 确定网站的整体风格

1）将标志 Logo 尽可能地放在每个页面上最突出的位置。

2）突出网页的标准色彩。

3）总结一句能反映网站精髓的宣传标语。

4）对相同类型的图像采用相同的效果，比如，如果标题字都采用阴影效果，那么在网站中出现的所有标题字的阴影效果的设置应该是完全一致的。

2. 网页色彩的搭配

1）用一种色彩。这里是指先选定一种色彩，然后调整透明度或者饱和度，这样的页面看起来色彩统一、有层次感。

2）用两种色彩。先选定一种色彩，然后选择它的对比色。

3）用一个色系。简单地说就是用一个感觉的色彩，例如，淡蓝、淡黄、淡绿或者土黄、土灰、土蓝。

在网页配色中，还要防止进入一些误区，做到：

1）不要将所有的颜色都用到，尽量控制在 3 ～ 5 种色彩以内。

2）背景和前文的对比尽量要大（绝对不要用花纹复杂的图案作背景），以便突出主要文字内容。

【任务评价】

教师评语：

_____

_____

结合本任务的学习，对照下列学习评价指标在指定的位置依照非常满意、比较满意、满意、不满意、非常不满意（对应分值分别为 5、4、3、2、1）对自己的学习结果进行反思、评价。

序 号	评 价 指 标	自 我 评 价
1	了解网站设计工具	
2	熟悉网页设计工具	
3	能熟练应用网页设计软件	
4	能顺利实现网页的上传、下载	

 任务2 制作框架布局网站页面

【学习目标】

1）理解框架与框架集的区别与联系。

2）熟悉框架和框架集的创建、保存及其相关操作。

3）掌握框架布局网站界面的相关技能。

【任务分析】

利用框架布局来制作网站页面需将首页分为 3 个子窗口，顶部子窗口显示网站的标题和导航栏，中部子窗口显示与导航栏链接的内容，底部子窗口显示网站版权等信息，效果如图 1-9 所示。

图 1-9

在这个过程中，需掌握以下 3 个知识点：①框架与框架集的区别与联系；②框架和框架集的创建、保存及其相关操作；③框架中网页的制作。

【相关知识】

1. 框架与框架集的区别与联系

除表格外，框架也是网页的一种重要布局工具。在框架网页中，一个浏览器窗口划分为若干个子窗口，每个子窗口可以显示不同的页面文件，每个页面占据的区域就叫作框架，每个框架可显示不同的文档内容，彼此之间互不干扰。框架网页最明显的特征就是当一个框架的内容固定不动时，另一个框架中的内容仍可以通过滚动条进行上下翻动。多个框架同时显示在同一个浏览器窗口中时，就组成了框架集。

广义上的"框架"主要包括两大部分：框架集和框架。框架集即 Frameset，它是一个独立的窗口，可把它看成一个容器，其中可以包含多个框架，在其中可以定义各个框架间的布局、结构、属性等；框架即 Frame，每个框架中都可以链接不同的网页，由此实现整个框架布局。

为了更好地理解什么是框架和框架集，可参考图 1–10。这是一个左右结构的框架，其结构是由 3 个网页文件组成的。首先整个框架集是一个文件，命名为 index.htm。命名左框架为 A，指向的是一个网页 A.htm。命名右框架为 B，指向的是一个网页 B.htm。

图 1–10

2. 创建框架集

在 Dreamweaver 中预定义了多种框架集，可以很方便地创建想要的框架网页。选择预定义的框架集将自动设置创建布局所需要的所有框架集和框架，它是迅速创建基于框架布局的最简单的方法。

创建框架集的具体操作步骤如下。

1）选择"文件"→"新建"命令，打开"新建文档"对话框，在对话框中选择"常规"选项卡中的"类别"→"框架集"→"上方固定，左侧嵌套"命令，单击"创建"按钮，如图 1–11 所示。

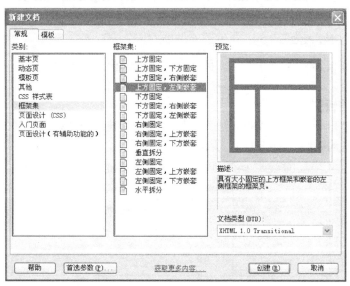

图 1–11

2）单击"创建"按钮后，弹出"框架标签辅助功能属性"对话框，可在"框架"下拉列表框中选择某个框架，然后在"标题"文本框中输入该框架的标题，通常保持默认设置，如图1-12所示。

图　1-12

3）单击"确定"按钮关闭对话框，完成框架集的创建，如图1-13所示。

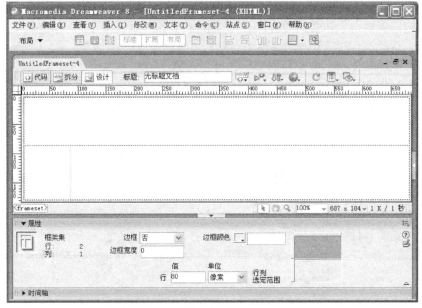

图　1-13

3. 选择框架和框架集

选择框架和框架集有两种方法，一种是在文档编辑窗口中选择，还有一种是在"框架"面板中选择。

（1）在文档编辑窗口中选择

在文档编辑窗口中选择框架的方法为：按住 <Alt> 键的同时在要选择的框架内单击，被选中的框架边框变为虚线，如图1-14所示。

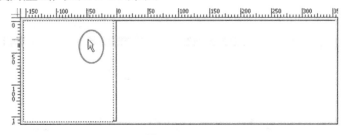

图　1-14

如要选择框架集，则单击该框架集上的任意边框即可，选中的框架集的所有边框都呈虚线显示，如图 1-15 所示。

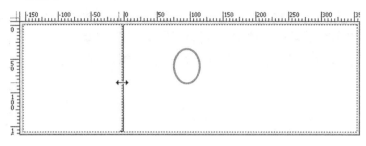

图　1-15

（2）在"框架"面板中选择

选择"窗口"→"框架"命令，可打开"框架"面板，该面板中显示了窗口中框架的结构，不同的框架区域显示不同框架的名称。

在框架面板中选择框架和框架集的方法如下。

选择框架：在"框架"面板中单击需要选择的框架即可将其选中，被选择的框架在"框架"面板中以粗黑框显示，如图 1-16 所示。

选择框架集：在"框架"面板中单击框架集的边框即可选择框架集，如图 1-17 所示。

图　1-16　　　　　图　1-17

4. 设置框架和框架集属性

（1）设置框架属性

使用框架"属性"面板可以查看和设置大多数框架属性。选中一个框架，选择"窗口"→"属性"命令，打开"属性"面板显示选中的框架属性。

框架"属性"面板参数如图 1-18 所示。

图　1-18

"框架名称"：用于为当前框架命名。

"源文件"：确定框架的源文档，可以直接输入名字或单击文本框右边的按钮查找并选取文件。

"滚动"：当框架内的内容显示不下的时候是否出现滚动条，包括"是""否""启动""默认" 4 个选项。

"不能调整大小"：限定框架尺寸，防止用户拖动框架边框。

"边界宽度"：设置以像素为单位的框架边框和内容之间的左右边距。

"边界高度"：设置以像素为单位的框架边框和内容之间的上下边距。

"边框"：用来控制当前框架边框，包括"是""否""默认"3个选项。

"边框颜色"：设置与当前框架相邻的所有框架的边框颜色。

（2）设置框架集属性

选中框架集，打开"属性"面板，在"属性"面板中设置框架集的属性。

框架集"属性"面板参数如图1-19所示。

图　1-19

"边框"：设置是否有边框，包括"是""否""默认"3个选项。选择"默认"选项，将由浏览器端的设置来决定。

"边框宽度"：设置整个框架集的边框宽度，以像素为单位。

"边框颜色"：用来设置整个框架集的边框颜色。

"行或列"："属性"面板中显示的是行或列，是由框架集的结构而定的。

"单位"：行、列尺寸的单位，包括"像素""百分比""相对"3个选项。

5. 保存框架和框架集

一个包含n个框架的网页实际上由n+1个独立的HTML页面组成，即1个框架集文件和n个包含在框架中显示的文件。这n+1个页面必须单独保存才能在浏览器中正常工作。插入的网页元素位于哪个框架，就保存在哪个框架的网页中。

在主菜单中选择"文件"→"保存全部"命令，整个框架边框的内侧会出现一个阴影框，同时弹出"另存为"对话框。因为阴影框出现在整个框架集边框的内侧，所以要求保存的是整个框架集。输入文件名，然后保存整个框架集。接着设计视图中的阴影框也会自动移动到对应的被保存的框架中，据此可以知道正在保存的是哪一个框架文件。出现第2个"另存为"对话框，要求保存另一个框架，输入文件名后进行保存。

【任务实施】

步骤一

在Dreamweaver中新建站点，将素材复制到本地磁盘下的站点文件夹中。

步骤二

选择"文件"→"新建"命令，在"新建文档"对话框中，单击示例中的"框架集"，选择任务所需的"上方固定，下方固定"网页框架结构，如图1-20所示。

图　1-20

域名选取技巧

Dreamweaver 中有预定义的框架集,可以使用"新建文档"对话框创建,也可以使用"布局"以及"插入"创建框架网页。

在"布局"插入栏中单击鼠标右键,在弹出的快捷菜单中选择"左侧和嵌套的下方框架"命令,即可创建框架网页。

选择"插入"→"HTML"→"框架"→"左侧及下方嵌套"命令,即可创建框架网页。

步骤三

选择"文件"→"保存全部"命令,整个框架边框的内侧会出现一个阴影框,同时弹出"另存为"对话框,首先保存整个框架集,文件命名为"index.html"。

阴影框变动继续弹出"另存为"对话框,按阴影框提示保存命名 3 个框架,名字分别为"shang.html""zhong.html""xia.html",如图 1-21 所示。

框架集里每一个框架都是一个独立的网页。编辑的时候可以在大的框架集中编辑,也可双击文件进入单独的框架进行编辑。

图　1-21

步骤四

双击"shang.html"页面内进行编辑,利用表格制作网页上部,如图 1-22 所示,在相应单元格填充背景颜色,添加相应的文字内容,然后保存。

图 1-22

步骤五

步骤四制作完成"zhong.htm""xia.htm"相应部分内容，保存。打开"index.html"浏览整个网页效果。最终效果如图1-23所示。

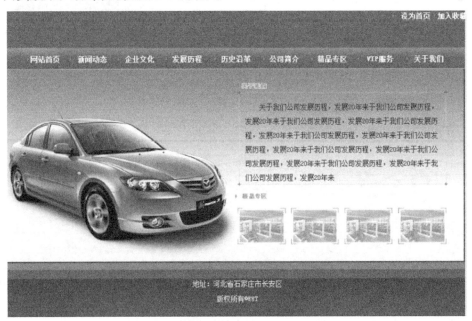

图 1-23

扩展阅读

如何进行框架的嵌套

作为网页布局的一种方法，有时Dreamweaver预设的框架结构无法满足需求，需要使用多个框架进行嵌套。嵌套框架有以下两种方法：

方法一：将光标放置在需要进行嵌套操作的父框架中，然后选择"修改"→"框架页"命令，在弹出的子菜单中选择需要的操作，就可以在父框架内嵌套所选格式的框架集。

方法二：将光标放置在需要进行嵌套操作的父框架中，然后单击"布局"插入栏中的预定义框架集，即会在原父框架内套进一个所选的框架集。

【任务评价】

教师评语：

结合本任务的学习，对照下列学习评价指标在指定的位置依照非常满意、比较满意、满意、不满意、非常不满意（对应分值分别为 5、4、3、2、1）对自己的学习结果进行反思、评价。

序 号	评 价 指 标	自 我 评 价
1	了解框架网页	
2	掌握创建框架和框架集的方法	
3	掌握框架和框架集选择及属性设置	
4	掌握框架和框架集的保存方法	
5	掌握完整的框架网页创建方法	

 制作用户登录界面

【学习目标】

1）认识 DIV+CSS 网页设计的基本概念。

2）熟悉 DIV+CSS 知识技能应用。

3）掌握 DIV+CSS 布局网站界面的相关技能。

【任务分析】

通过 DIV+CSS 制作 1 个用户登录界面，效果如图 1-24 所示，需要设计网页的结构内容，以及内容的大小、颜色、分布等。该网页主要由背景图片以及用户登录部分组成，制作过程主要由 DIV 布局，CSS 实现样式内容设置。

在这个过程中，将会学到：① DIV 的设置添加方法；② CSS 应用方法；③ DIV+CSS 设计网页的方法。

图 1-24

【相关知识】

1. DIV+CSS 基本概念

DIV 元素是 HTML 中的一个元素，是标签，用来为 HTML 文档内大块（block-level）的内容提供结构和背景的元素。DIV 的起始标签和结束标签之间的所有内容都是用来构成这个块的，其中所包含元素的特性由 DIV 标签的属性来控制，或者是通过使用样式表格式化这个块来进行控制。

CSS（Cascading Style Sheets，层叠样式表单）是一种用来表现 HTML 或 XML 等文件式样的计算机语言。

DIV+CSS 是网站标准（或称"Web 标准"）中的常用术语之一，通常是为了说明与 HTML 网页设计语言中的表格（Table）定位方式的区别，因为 XHTML 网站设计标准中，不再使用表格定位技术，而是采用 DIV+CSS 的方式实现各种定位。

HTML 内通过标签"放置"要显示的具体内容（图片、文字、动画等），而 CSS 是控制 HTML 内这些具体内容怎么显示、怎么排版、颜色、大小、宽度、高度、左右布局等显示样式。HTML 解决网页中显示什么内容的问题，而 CSS 是解决网页中的内容如何显示的问题。

2．DIV+CSS 优势

1）符合 W3C 标准。这保证网站不会因为将来网络应用的升级而被淘汰。

2）对浏览者和浏览器更具亲和力。由于 CSS 富含丰富的样式，使页面更加灵活，可以根据不同的浏览器达到显示效果的统一和不变形。这样就支持浏览器的向后兼容。

3）使页面载入得更快。页面体积变小，浏览速度变快，由于将大部分页面代码写在了 CSS 中，使得页面体积变得更小。相对于表格嵌套的方式，DIV+CSS 将页面独立成更多的区域，在打开页面的时候，逐层加载。而不像表格嵌套那样将整个页面圈在一个大表格里，使得加载速度很慢。

4）保持视觉的一致性。以往表格嵌套的制作方法，会使得页面与页面或者区域与区域之间的显示效果会有偏差。而使用 DIV+CSS 的制作方法，将所有页面或所有区域统一用 CSS 文件控制，就避免了不同区域或不同页面体现出的效果偏差。

5）修改设计时更有效率。由于使用了 DIV+CSS 制作方法，内容和结构分离，在修改页面的时候更省时。根据区域内容标记，到 CSS 里找到相应的 ID，使得修改页面的时候更加方便，也不会破坏页面其他部分的布局样式，在团队开发中更容易分工合作而减少相互关联性。

6）搜索引擎更加友好。相对于传统的表格，采用 DIV+CSS 技术的网页，由于将大部分的 HTML 代码和内容样式写入了 CSS 文件中，使得网页中代码更加简洁，正文部分更为突出明显，便于被搜索引擎采集收录。

3．DIV+CSS 添加及设置

（1）DIV 添加

方法一：选择"插入"→"布局"命令，选择"DIV"标签，或者 AP DIV。

方法二：选择"插入记录"→"布局对象"→"DIV"标签，或者 AP DIV。

（2）CSS 添加

选择需要添加 CSS 样式的对象，在 CSS 窗口中单击"新建"按钮即可弹出 CSS 对话框，如图 1-25 和图 1-26 所示。

图　1-25　　　　　　　　　　　图　1-26

常见的 CSS 样式格式设置有以下几类：

（1）编辑 CSS 样式文字格式

字体、大小、粗细、样式、变量、行高、大小写、修饰、颜色。

（2）编辑 CSS 样式背景格式

背景颜色、背景图像、重复、附件、水平位置、垂直位置。

（3）编辑 CSS 样式块格式

单词间距、字母间距、垂直对齐、文本对齐、文字缩进、空格、显示。

（4）编辑 CSS 样式框格式

宽、高、浮动、清除、填充、边界。

（5）编辑 CSS 样式边框格式

样式、宽度、颜色。

（6）编辑 CSS 样式列表格式

类型、项目符号图像、位置。

（7）编辑 CSS 样式定位格式

类型、显示、宽、高、Z 轴、溢出、定位、剪辑。

（8）编辑 CSS 样式扩展格式、分页、视觉效果

【任务实施】

步骤一

在 Dreamweaver 中新建站点，将素材复制到本地磁盘下的站点文件夹中。

步骤二

新建一个 DIV，名称为 box，大小为 1349 像素 ×602 像素，并对其设置一个高级的 CSS 样式。其中，边界为左右自动，定位为相对。将处理过的图片作为背景插入到 box 中，如图 1-27 和图 1-28 所示。

步骤三

将光标定位在代码的 box 中，创建一个 AP DIV。输入"用户登录"并创建一个高级的 CSS 样式。设置文字大小、颜色等，如图 1-29 所示。

图 1-27

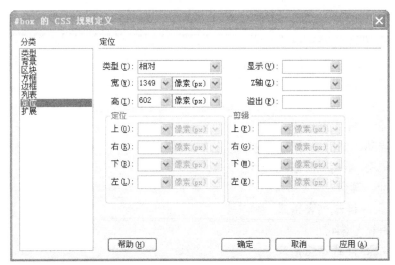

图 1-28

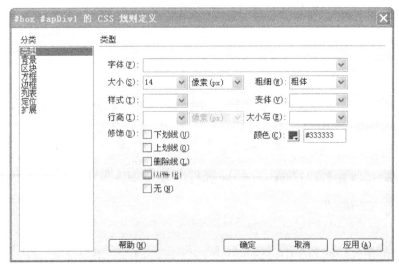

图 1-29

步骤四

将光标定位在代码的 box 中，创建一个 AP DIV。将其放在合适的位置。在其中输入"账号密码"然后单击上方工具栏中的表单文本字段作为账号的框。再对其创建一个高级样式。设置文字大小、行高等，如图 1-30 所示。

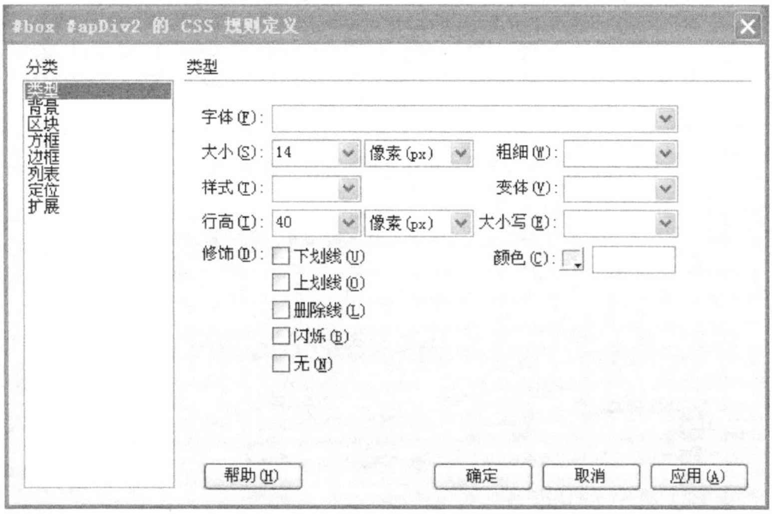

图 1-30

步骤五

将光标定位在代码的 box 中，创建一个 AP DIV。在 AP DIV 中插入表单按钮作为登录的按钮。对它创建一个高级样式，设置按钮的颜色、大小以及文字颜色，如图 1-31 和图 1-32 所示。

步骤六

将光标定位在代码的 box 中，创建一个 AP DIV。输入"QQ 登录 微信登录"然后对其设置空链接。再对链接设置一个高级的 CSS 样式。设置超链接的颜色、文字大小等效果，如图 1-33 所示。

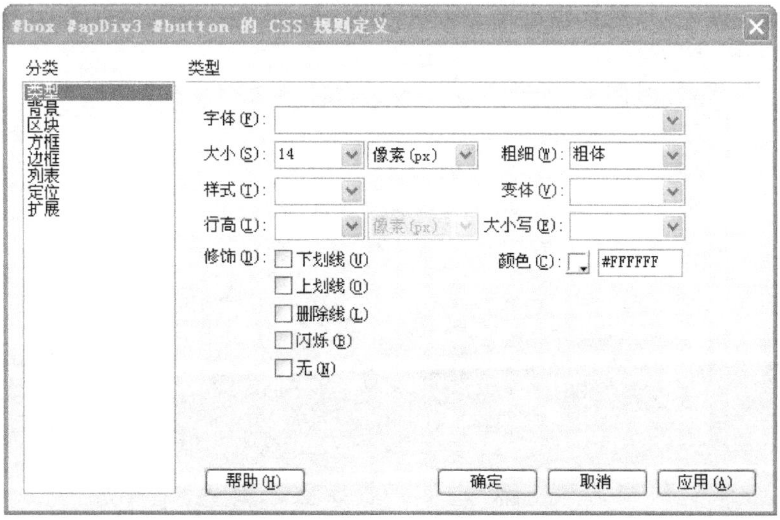

图 1-31

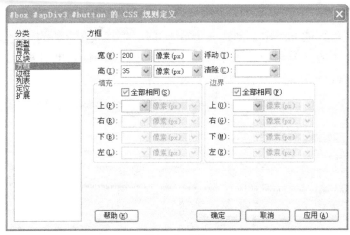

图 1-32

图 1-33

步骤七

将光标定位在代码的 box 中，创建一个 AP DIV。输入"忘记密码 忘记会员名 免费注册"然后对其设置空链接。再对链接设置一个高级的 CSS 样式。设置超链接的颜色、文字大小等效果，如图 1-34 所示。

图 1-34

【任务评价】

教师评语：

结合本任务的学习,对照下列学习评价指标在指定的位置依照非常满意、比较满意、满意、不满意、非常不满意（对应分值分别为 5、4、3、2、1）对自己的学习结果进行反思、评价。

序　号	评价指标	自我评价
1	了解 DIV+CSS	
2	掌握 DIV+CSS 设置方法	
3	掌握 DIV+CSS 应用技巧	
4	掌握 DIV+CSS 综合应用相关知识技能	
5	掌握 DIV+CSS 制作完整网页	

 制作网站首页

【学习目标】

1）认识 DIV+CSS 网页设计基本方法。
2）熟悉 DIV+CSS 技能应用注意事项。
3）掌握 DIV+CSS 布局网站界面相关技能。

【任务分析】

通过 DIV+CSS 制作 1 个网站首页，效果如图 1-35 所示。整个网页整体分为 Logo、导航、Banner、栏目内容以及版尾 5 个部分。栏目内容又进一步可以划分为 5 部分内容。制作过程中主要使用 DIV 布局，使用 CSS 实现样式内容的设置。

图　1-35

在这个过程中，将学到以下知识：① DIV 的设置添加方法；② CSS 应用方法；③ DIV+CSS 布局设计网页的方法。

1. CSS 中的布局

使用 CSS 布局技术可以完成页面整体布局，实现各种布局样式。CSS 布局技术都基于 3 个基本概念：定位、浮动和空白边操纵。基本布局方式有很多。

按外观分，有单列布局、两列布局、三列布局等。

按实现技术分，有基于自动空白边的布局、浮动布局等。

按适应性分，有固定宽度布局、流式布局、弹性布局等。

图 1-36 和图 1-37 所示，为常见的两种 CSS 布局。

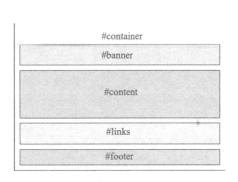

图　1-36　　　　　　　　　　　　图　1-37

2. DIV+CSS 常见错误总结

1）检查 HTML 元素是否有拼写错误、是否忘记结束标记。

2）检查 CSS 是否正确。

3）确定错误发生的位置。

如果错误影响了整体布局，则可以逐个删除 DIV 块，直到删除某个 DIV 块后显示恢复正常，即可确定错误发生的位置。

4）利用 border 属性确定出错元素的布局特性。

使用 float 属性布局一不小心就会出错。这时为元素添加 border 属性确定元素边界，错误原因即水落石出。

5）float 元素的父元素不能指定 clear 属性。

6）float 元素务必指定 width 属性。

很多浏览器在显示未指定 width 的 float 元素时会有 bug。所以不管 float 元素的内容如何，一定要为其指定 width 属性。

7）指定元素时尽量使用 em 而不是 px 做单位。

3. CSS 详解

在 Dreamweaver 的 CSS 样式里包含了 W3C 规范定义的所有 CSS 的属性，Dreamweaver

把这些属性分为 Type（类型）、Background（背景）、Block（块）、Box（盒子）、Border（边框）、List（列表）、Positioning（定位）、Extensions（扩展）8 个部分。

类型选项主要是对文字的字体大小、颜色、效果等基本样式进行设置。只对要改变的属性进行设置，没有必要改变的属性就使之为空。

背景选项主要是对元素的背景进行设置，包括背景颜色、背景图像的控制。一般是对 BODY（页面）、TABLE（表格）、DIV（区域）的设置。

区块选项主要是设置对象文本文字间距、对齐方式、上标、下标、排列方式、首行缩进等。

方框选项主要设置对象的边界、间距、高度、宽度和漂浮方式等。

边框选项可以设置对象边框的宽度、颜色及样式。

列表选项可以设置列表项样式、列表项图片和位置。

定位选项中的 CSS 属性用来确定与选定的 CSS 样式相关的内容在页面上的定位方式。这就相当于对象放在一个 AP 元素里来定位，它相当于 HTML 的 DIV 标记。可以把定义看作一个 CSS 定义的 AP 元素。

【任务实施】

步骤一

在 Dreamweaver 中新建站点，将素材复制到本地磁盘下站点文件夹中。

步骤二

新建一个 DIV，名称为 box，大小为 1349 像素 ×602 像素，并对其设置一个高级的 CSS 样式。其中，边界为左右自动，定位为相对。将处理过的图片作为背景插入到 box 中，如图 1-38 和图 1-39 所示。

步骤三

将光标定位在代码的 box 中，创建一个 AP DIV。输入"用户登录"并创建一个高级的 CSS 样式。设置文字大小、颜色等，如图 1-40 所示。

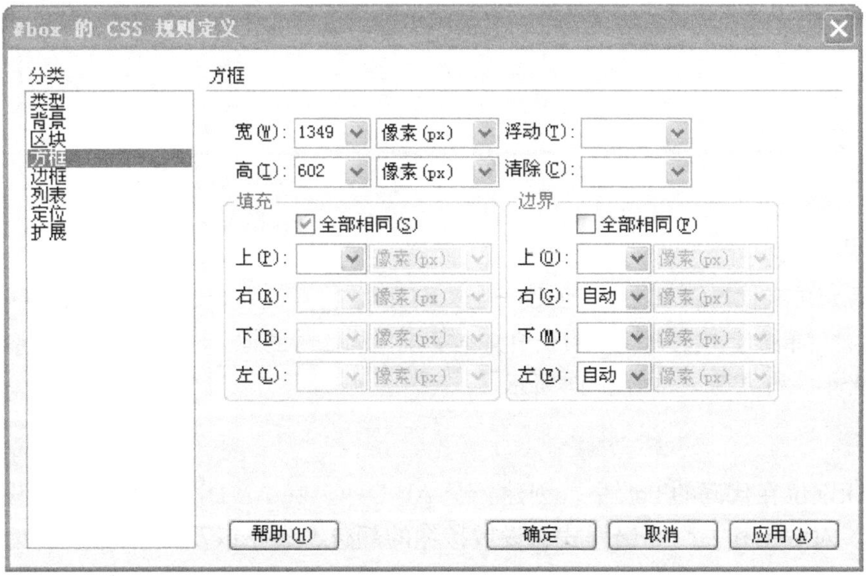

图 1-38

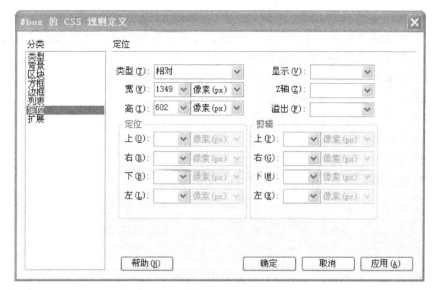

图 1-39

图 1-40

步骤四

将光标定位在代码的 box 中，创建一个 AP DIV。将其放在合适的位置。在其中输入"账号 密码"然后单击上方工具栏中的表单文本字段作为账号的框。再对其创建一个高级样式。设置文字大小、行高等，如图 1-41 所示。

步骤五

将光标定位在代码的 box 中，创建一个 AP DIV。在 AP DIV 中插入表单按钮作为登录的按钮。对它创建一个高级样式，设置按钮的颜色、大小以及文字颜色，如图 1-42 和图 1-43 所示。

图 1-41

图 1-42

图 1-43

步骤六

将光标定位在代码的 box 中，创建一个 AP DIV。输入"QQ 登录 微信登录"然后对其设置空链接。再对链接设置一个高级的 CSS 样式。设置超链接的颜色、文字大小等效果，如图 1-44 所示。

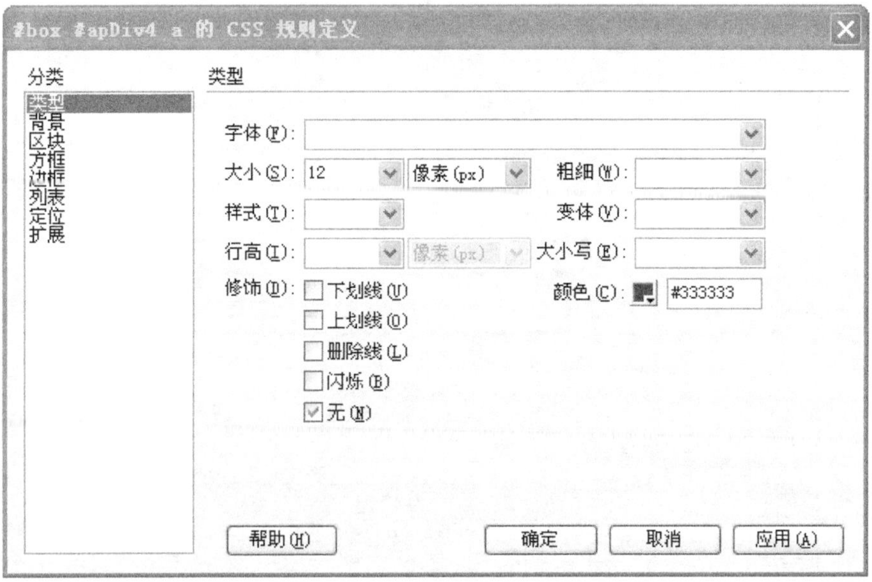

图 1-44

步骤七

将光标定位在代码的 box 中，创建一个 AP DIV。输入"忘记密码 忘记会员名 免费注册"然后对其设置空链接。再对链接设置一个高级的 CSS 样式。设置超链接的颜色、文字大小等效果，如图 1-45 所示。

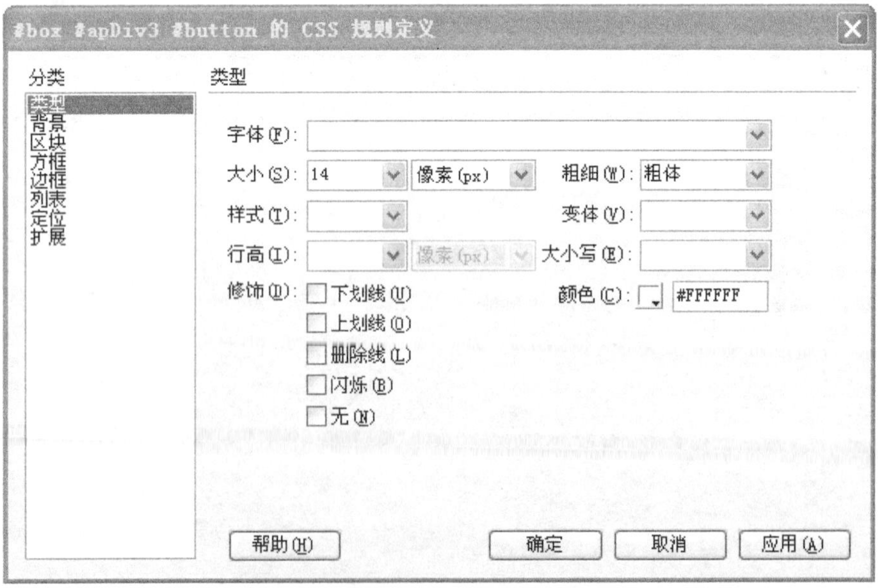

图 1-45

【任务评价】

教师评语：

_____

_____

　　结合本任务的学习，对照下列学习评价指标在指定的位置依照非常满意、比较满意、满意、不满意、非常不满意（对应分值分别为 5、4、3、2、1）对自己的学习结果进行反思、评价。

序　号	评 价 指 标	自 我 评 价
1	了解 DIV+CSS	
2	掌握 DIV+CSS 设置方法	
3	掌握 DIV+CSS 应用技巧	
4	掌握 DIV+CSS 综合应用方法	
5	掌握 DIV+CSS 制作完整网页的方法	

 任务 5　制作共享单车宣传网站

【学习目标】

　　1）理解常见网页布局方法的优势。
　　2）熟悉网页布局各种方法相关的知识技能。
　　3）应用网页布局制作网站界面。

【任务分析】

　　利用布局来制作的共享单车网站属于较长网页，部分效果如图 1-46 所示，主要应用 DIV+CSS、表格、AP DIV 等布局方法来制作网站。

图　1-46

在这个过程中，将会学到：①常见网页布局方法的优势；②网页布局方法的技能；③综合应用网页布局方法制作网站。

【相关知识】

1. "CSS样式"面板

在Dreamweaver中，"CSS样式"面板是新建、编辑、管理CSS的主要工具。选择"窗口"→"CSS样式"命令可以打开或者关闭"CSS样式"面板。

在没有定义CSS前，"CSS样式"面板是空白的。如果在Dreamweaver中定义了CSS，那么"CSS样式"面板中会显示所定义好的CSS规则，如图1-47所示。

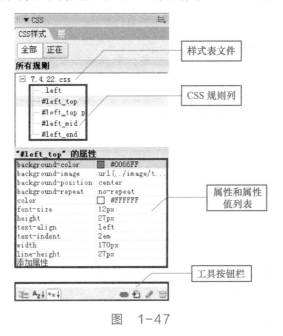

图 1-47

2. 定义CSS样式

在"CSS样式"面板上，单击"新建CSS规则"按钮，会打开如图1-48所示的"新建CSS规则"对话框。

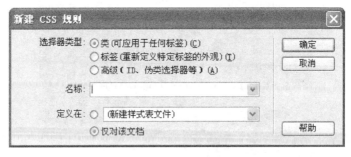

图 1-48

"定义在"选项包括两个单选按钮，分别如下：

1）"新建样式表文件"：此选项将会把设定的样式最终保存在一个外部单独的样式表文件中，这个样式表文件可以被其他HTML文件共同使用，也就是说可以使站点内的所有页面文件使用同一个样式表文件，甚至不同的站点只要是网页就可以使用。

2）"仅对该文档"：此选项把设定的样式仅放在当前文件的头文件中，这些样式只能在此文件中使用。

"选择器类型"选项包括 3 个单选按钮，分别如下：

1）"类（可应用于任何标签）"：选择此类型后，需要在下方的"名称"文本框中填入一个样式名字，需要注意的是，此类名称必须以"."开头。这种方式定义的样式可以用来定义绝大多数的 HTML 对象，可以使这些对象有统一的外观。

2）"标签（重新定义特定标签的外观）"：选择此选项后，在"标签"下拉列表里选择需要重新定义的 HTML 标签。

3）"高级（ID、伪类选择器等）"：重新定义特定元素组合的格式或其他 CSS 允许的选择器表单的格式（例如，每当 h2 标题出现在表格单元格内时，就会应用选择器 td h2）。还可以重定义包含特定 id 属性的标签的格式（例如，由 #myStyle 定义的样式可以应用于所有包含属性/值对 id="myStyle" 的 HTML 标签）。另外，这个选项还可以设定链接文本的样式。

3. 在网页中应用 CSS 样式

定义完样式表文件后，就可以在 Dreamweaver 中套用这些样式了。套用样式表的方法主要有 3 种，下面分别进行介绍。

（1）在"属性"面板选择应用样式

在网页中选中需要应用样式的元素，打开"属性"面板，单击打开"样式"右边的下拉列表框，里面列出了已经定义的一些 CSS 样式。

（2）利用"标签选择器"选择样式

首先需要在"标签选择器"上选定一个标签，如在 <p> 标签上右击，在弹出的快捷菜单中选择"设置类"→"mycss"命令，则可以快速把已经定义的 mycss 样式类指定给 <p> 标签。

（3）使用右键快捷菜单

也可以从右键快捷菜单中直接给对象指定一个样式，首先选中需要应用样式的对象，在右键快捷菜单中指定样式类。

（4）清除样式

如果想清除应用的样式，首先选中对象，然后从右键快捷菜单中选择"无"，即可清除原有的样式。需要注意的是，这里的清除样式并不是将定义的样式完全删除，而是网页中的某个对象不再使用这个样式了。

【任务实施】

步骤一

在 Dreamweaver 中新建站点，将素材复制到本地磁盘下站点文件夹中。

步骤二

新建一个 DIV，名称为 box，宽设为百分百，高设为 1200 像素，并对其设置一个高级的 CSS 样式。其中，边界为左右自动，定位为相对。将处理过的图片作为背景插入到 box 中。

步骤三

将光标定位在 box 中新建一个 DIV，命名为 shang，高设为 575 像素，添加相应的素材。在 shang 内建立 4 个 AP DIV，分别添加 Logo、导航，立即开始使用以及新推广。效果如图 1-49 所示。

图 1-49

步骤四

将光标定位在 box 中新建一个 DIV，命名为 zhong，高设为 195 像素，上边距为 5 像素。在 zhong 内添加相应的图片素材，并添加空链接效果，如图 1-50 所示。

图 1-50

步骤五

重复步骤四，将光标定位在 box 中新建一个 DIV，命名为 xia，高设为 105 像素，在其内部添加相应的图片和文字，效果如图 1-51 所示。

 微信小程序
微信扫一扫，直接用车

 红包车
骑摩拜，能赚钱

 摩范分
文明骑行，信用生活

图 1-51

步骤六

重复步骤四，将光标定位在 box 中新建一个 DIV，命名为 bottom，高设为 195 像素，设置上下边框线。在 bottom 中添加 Logo 及相应的文字并添加文字链接效果，如图 1-52 所示。

摩拜mobike	产品	生活	关于	社交网络
Beijing Mobike Technology Co., Ltd	经典版	城市	关于 Mobike	微博
客服电话 400-811-7799	轻骑		加入我们	微信
北京摩拜科技有限公司	智能锁		联系我们	知乎专栏
			服务协议	Facebook

图 1-52

步骤七

重复步骤四，将光标定位在 box 中新建一个 DIV，命名为 banwei，高设为 125 像素，添加相关版权信息。保存首页，预览，如果不合适则调整至合适为止。

步骤八

重复步骤二～步骤七，调整 DIV "zhong" 的大小及内容，制作二级页面，保存并预览。

步骤九

完成首页以及二级页面，最后添加相应的链接，保存并预览。

【任务评价】

教师评语：

结合本任务的学习，对照下列学习评价指标在指定的位置依照非常满意、比较满意、满意、不满意、非常不满意（对应分值分别为 5、4、3、2、1）对自己的学习结果进行反思、评价。

序　号	评 价 指 标	自 我 评 价
1	了解常见网页布局方法的优势	
2	掌握常见的网页布局方法	
3	掌握灵活应用 CSS 样式的技能	
4	掌握二级页面制作及链接添加的方法	
5	掌握完整网站制作的技能	

项目2 网站制作实用技术

学习任务

> 通过 form 表单制作 1 个用户注册页面。
> 将设计好的美工图切片导出网页。
> 在网站中插入多媒体元素。
> 掌握通过 JavaScript 创建弹出 3 种对话框的代码。
> 掌握通过 JavaScript 检测用户登录、注册信息的方法。
> 掌握通过 JavaScript 制作 3 种倒计时效果的代码。

学习目标

> 熟悉表单工作原理，能够制作用户注册页面，并将表单信息提交到网络管理者的邮箱。
> 熟悉切片的原则和方法，选择适当方法转换并编辑切片，优化和输出 Web 图形。
> 了解网页中添加多媒体元素的要求、方法，能够在网页中添加 Flash 动画、视频、音频等多媒体对象。
> 熟悉利用 JavaScript 创建弹出 3 种对话框的方式，掌握在 JavaScript 中创建弹出警告对话框、确认对话框、提示对话框的代码编写方法。
> 掌握利用 JavaScript 检测用户登录、注册信息的方法，掌握"登录用户""检查表单"命令的设置。
> 掌握利用 JavaScript 制作 3 种倒计时效果的代码，即设置时长，进行倒计时；设置时间戳，进行倒计时；运用日期对象及方法，进行限时抢购倒计时。

 制作用户注册页面

【学习目标】

1）了解表单概念。
2）理解表单的工作原理。

3）能制作用户注册页面。

4）能将表单信息提交到网络管理者的邮箱。

【任务分析】

用户注册和登录机制犹如居家的门锁，有了锁才能防止无证明身份的人混入。注册相当于用户配钥匙的行为，而登录相当于使用钥匙打开家门的行为。

本任务是制作用户信息注册表，如图 2-1 所示。

图　2-1

【相关知识】

1. 表单的作用

表单是 Internet 用户同服务器进行信息交互的最重要的工具，主要用来收集客户端相关信息，用户提交表单时向服务器传输数据，从而实现用户与 Web 服务器的交互。

一些典型的表单应用：

在用户注册某种服务或事件时，收集姓名、地址、电话号码、电子邮件和其他信息。

为收集购买某个商品的订单信息。例如，如果想通过网络购买一本书，则必须填写姓名、联系电话、邮寄地址、付款方式和其他相关信息。

收集调查问卷信息。大部分提供服务的网站都鼓励用户参与调查问卷，提供反馈信息。这些反馈信息除了维系良好的客户关系外，还有助于改进和提高网站的服务质量，从而使网站的服务更具人性化，吸引更多的浏览者。

为网站提供搜索工具。提供各种信息的站点通常会为用户提供一个搜索框，用户能够更快地找到想要的信息。

2. 表单的组成

HTML 表单是一个包含表单元素的区域，使用 <form> 标签创建。它相当于一个容器，包含着各种表单元素。一个表单有 3 个基本组成部分：

表单标签：包含了处理表单数据所用 CGI 程序的 URL 以及数据提交到服务器的方法。用于申明表单，定义采集数据的范围，也就是 <form> 和 </form> 里面包含的数据将被提交到服务器或者电子邮件里。

表单域（表单元素、控件）：包含了文本框、密码框、隐藏域、多行文本框、复选框、单选框、下拉选择框和文件上传框等，用于采集用户的输入或选择的数据。

表单按钮：包括提交按钮、复位按钮和一般按钮；用于将数据传送到服务器上的 CGI 脚本或者取消输入，还可以用表单按钮来控制其他定义了处理脚本的处理工作。

3. 表单的工作机制（见图 2-2）

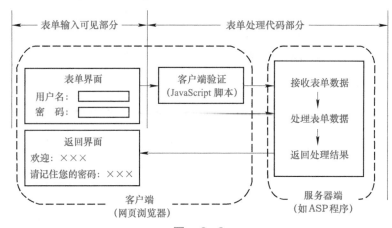

图　2-2

访问者在浏览有表单的网页时，填写必需的信息，然后单击按钮提交。

信息通过 Internet 传送到服务器上。

服务器上的表单处理应用程序（CGI）或脚本程序（ASP、PHP）对信息进行处理。

数据处理完毕，服务器反馈处理信息给用户，或基于该表单内容执行一些操作来进行响应。

表单的开发分为两个部分，一是具体在网页上制作表单项目，即生成描述表单元素的 HTML 源代码，这一部分称为前端，主要在 Dreamweaver 中制作；另一部分是编写处理表单信息的应用程序，这一部分称为后端、客户端脚本或者服务器端，是用来处理用户所填写信息的程序，如 ASP、CGI、PHP、JSP 等。本任务主要学习前端的设计。

【任务实施】

步骤一

1. 显示"文档"工具栏

选择"窗口"→"工具栏"→"文档"命令，可以显示"文档"工具栏，可以在"代码""拆分""实时视图""设计"之间方便切换视图。

2. 显示"表单"面板

选择"窗口"→"插入"命令或者按 <Ctrl+F2> 组合键，可以打开"插入"面板，如图 2-3 所示。拖动"插入"标签到窗口顶部，可以将面板由竖排改成横排格式。

在"插入"工具栏中选择"表单"，可以将"表单"工具显示为完整一行，控件名称隐藏，如图 2-4 所示。

图　2-3

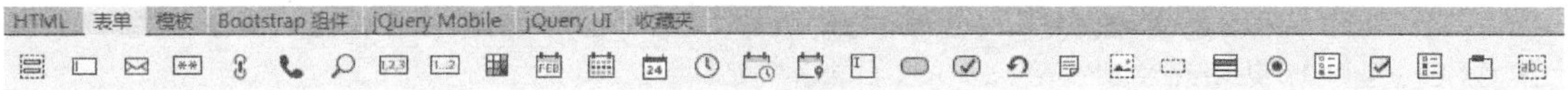

图　2-4

3. 显示"属性"面板

选择"窗口"→"属性"命令或按 <Ctrl+F3> 组合键,可以显示或隐藏"属性"面板。

步骤二

选择"查看"→"查看模式"→"设计"命令,将视图切换到"设计"模式。

1. 插入表单

单击"插入"栏"表单"选项中的"表单"按钮 ▣,即可在鼠标所在位置插入带有红色虚线的表单域。

提　示

如果插入表单域后,设计视图中没有显示红色的虚线框,则执行"查看"→"设计视图选项"→"可视化助理"→"不可见元素"命令,即可在设计视图中看到红色虚线表单区域,在浏览器中浏览时是不可见的。

单击"文档"工具栏上的"代码"按钮,切换到代码视图,可以看到表单域代码为 <form></form>,如图 2-5 所示。单击"文档"工具栏上的"实时视图"按钮,可以看到表单域的红色虚线在预览状态下是不显示的。

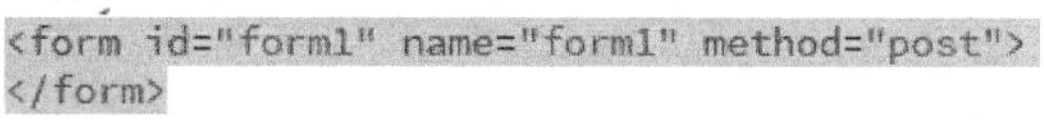

```
<form id="form1" name="form1" method="post">
</form>
```

图　2-5

2. 设置表单的属性

将光标移至刚插入的表单域中,在"状态"栏的"标签选择器"中,选中<form>标签,如图2-6所示,即可将表单选中。然后可以在"属性"面板上对表单的属性进行设置,如图2-7所示。具体说明见表2-1。

body　form　#form1

图　2-6

图 2-7

表 2-1

ID	用来设置表单的名称。为了正确地处理表单,一定要给表单设置一个名称,此处默认为 form1
Action 动作	用来设置处理这个表单的服务器端脚本的路径。若希望通过 E-mail 方式发送,而不被服务器端脚本处理,需要在"动作"后填入 mailto: 和希望发送的 E-mail 地址。如 mailto:hz@126.com
Method 方法	设置将表单数据发送到服务器的方法。默认的"GET"方法是把表单数据附加在 URL 中发送 "POST"方法是把表单数据作为一个文件提交的,嵌入到 HTTP 请求中发送,不会将内容附在 URL 后,比较适合内容较多的表单 一般情况下建议选择"POST"。因为"GET"方法有很多限制,如 URL 长度限制在 8192 个字符以内,一旦发送的数据量太大,数据将被截断,从而导致意外的或失败的处理结果;发送用户名、密码、信息卡或其他保密信息时,用 GET 方法发送很不安全
Enctype 编码类型	设置发送数据的编码类型,在该选项的下拉列表中包括两个选项。默认的"application/x-www-form-urlencode"通常与 POST 方法协同使用,如果表单中包含上传项,则应该选择"multipart/form-data"
Target 目标	设置表单被处理后,反馈网页打开的方式,包含 5 个选项 _blank:反馈网页将在新开窗口中打开 new:与 _blank 相似,反馈网页将在新开窗口中打开 _parent:反馈的网页将在父窗口中打开 _self:反馈的网页将在原窗口中打开 _top:反馈的网页将在顶层窗口中打开

步骤三

当表单中输入项目过多时,合理采用表格布局会使表单显得更加有条理,方便用户填写。

在表单域的红色虚线框内插入表格,采用表格排版。在表格中可以插入图像或动画、文本加以修饰,并用 CSS 样式美化网页。在表格中插入表单对象。

单击"插入"栏"HTML"选项中的"表格"按钮 ,插入一个 10 行 2 列的表格,参数如图 2-8 所示。

图 2-8

在表格左侧列单元格中，输入注册表所需填写信息的项目，如图 2-9 所示。

新用户注册

用户名：	
性别：	
出生年月：	
个人喜好：	
学历：	
Email:	
请设置密码：	
确认密码：	
个性签名：	

图　2-9

步骤四

1. 插入文本框

在"用户名"右侧单元格内，单击"插入"栏"表单"选项中的"文本"按钮 □，插入一个文本框，将默认的标签文本 TextField 删除。选中刚插入的文本域控件，其属性面板如图 2-10 所示。

在文本域中可以输入任何类型的文本、数字或字母。

图　2-10

Name：为该文本域指定一个名称。所选名称必须在表单内唯一标识该文本域。名称不能包含空格或特殊字符，可以使用字母、数字字符和下划线的任意组合。主要用来方便后台程序根据名称来接收和处理数据。

Size：用来设置文本域中最多可显示的字符数。

MaxLength：设置文本域中最多可输入的字符数。

Value：可以输入一些提示性文本。帮助浏览者顺利填写文本框中的资料。当浏览者输入资料时，初始值将被输入的内容取代。

2. 插入单选按钮或单选按钮组

在"性别"右侧单元格内，单击"表单"选项卡中的"单选按钮" ◉，即插入一个单选按钮对象，修改标签 Radio Button 为"男"。其属性面板如图 2-11 所示。

图　2-11

1）Name：单选按钮名称。由于"单选按钮"通常是由多个组成一组来使用，注意同一组的"单选按钮"要设置为相同的名称。

2）Value：选定值。设置复选框被选择时的取值，当用户提交表单时，该值将被传送到应用程序。

3）Checked：初始状态设置。首次载入表单时单选框是否被选中。

温馨提示

Dreamweaver 提供了"单选按钮组"的功能。单击"插入"栏"表单"选项中的"单选按钮组"按钮 回，在弹出的对话框中，修改标签为"男""女"，如图2-12所示。

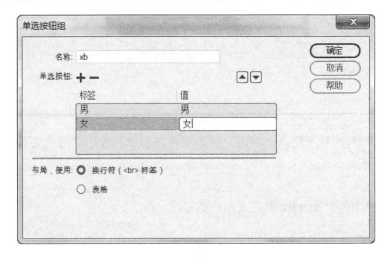

图 2-12

3. 插入日期域

在"出生年月"右侧单元格内，单击"插入"栏"表单"选项中的"日期"按钮 回。

4. 插入复选框

在"个人喜好"右侧单元格内，单击"插入"面板"表单"选项卡中的"复选框"按钮 ☑，即可插入"复选框"，修改文本为"旅游"。选中"复选框"，其"属性"面板如图2-13所示。

图 2-13

温馨提示

复选框是指从一组选项中允许选择多个选项。单击"插入"面板"表单"选项卡中的"复选框按钮组" 回，可以方便插入复选框组，如图2-14所示。默认是一个选项占一行，如果想多个选项在同一行，则可以在每项行尾按 <Delete> 键。

图　2-14

5. 插入"选择"项（列表 / 菜单）

在"学历"右侧单元格内，单击"插入"面板"表单"选项卡中的"选择"按钮▤，可以插入列表框，可以在有限的空间内为用户提供更多的选项，对应标签为 <select>。其属性如图 2-15 所示。

图　2-15

单击属性面板中的 列表值... 按钮，可以编辑列表值，如图 2-16 所示。

默认在下拉列表中显示选项值，只允许用户选择一个选项。如果勾选了属性面板中的 Multiple 属性，则列表显示为滚动条，并可允许用户在 <Shift> 或者 <Ctrl> 键的配合下，从列表中选择多个选项。

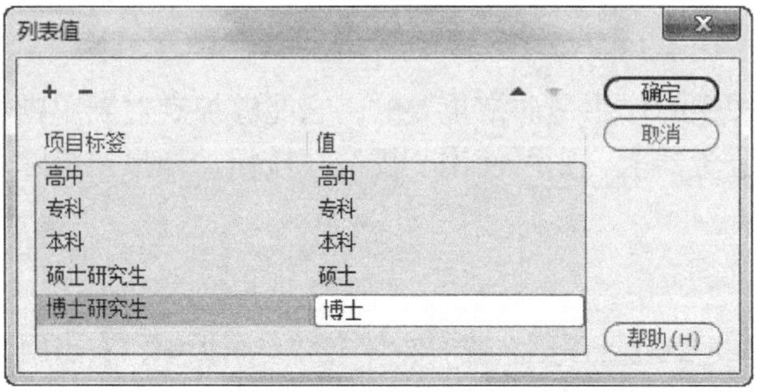

图　2-16

6. 插入"E-mail"域

在"E-mail"右侧单元格内，单击"插入"面板"表单"选项卡中的"E-mail"按钮✉，可以插入一个文本框。其属性面板与文本框相似，只是默认的 Name 为"email"。

7. 插入"密码域"

在"请设置密码"右侧的单元格内，单击"插入"面板"表单"选项卡中的"密码"按钮✱✱。其属性面板与文本域的属性相似，只是默认的 Name 为"password"。

在"确认密码"右侧单元格内，插入一个密码域。

8. 插入"多行文本域"

在"个性签名"右侧的单元格内，单击"插入"面板"表单"选项卡中的"文本区域"按钮 🗐。其属性面板如图 2-17 所示。其中"Rows"设置文本区域显示的行数，"Cols"设置文本区域显示的宽度。

图　2-17

9. 插入"按钮"

1）在最后一个单元格内，单击"插入"面板"表单"选项卡中的"提交"按钮 ☑️，选中插入的"提交"按钮，其"属性"面板如图 2-18 所示。

图　2-18

Form Action：提交表单数据内容至表单"动作"属性中指定的页面或脚本。

Form Method：表单数据发送方法。有 POST 和 GET 两种方式。

2）单击"插入"面板"表单"选项卡中的"重置"按钮 🔄，选中插入的"重置"按钮，其属性面板如图 2-19 所示。

图　2-19

温馨提示

对于表单而言，按钮的作用是非常重要的，它能够控制对表单内容的操作。如果要将表单内容发送到远端服务器上，则可使用"提交"按钮；如果要清除现有表单内容，则可使用"重置"按钮。

步骤五

保存文件并按 <F12> 键进行预览。或者在"文件"面板中，右击网页文件名，在弹出的快捷菜单中选择"在浏览器中浏览"命令，然后选择一种目标浏览器，在浏览器中填写表单内容。

【任务评价】

教师评语：

结合本任务的学习，对照下列学习评价指标在指定的位置依照非常满意、比较满意、满意、不满意、非常不满意（对应分值分别为 5、4、3、2、1）对自己的学习结果进行反思、评价。

序　号	评 价 指 标	自 我 评 价
1	表单插入正确	
2	表单对象应用正确、合理	
3	表单对象的属性设置正确	
4	网页元素正确	
5	插入表格，进行网页排版	
6	CSS 样式应用正确	

 任务 2　使用切片美工图导出网页

【学习目标】

1）认识切片，把握切片的原则。
2）掌握创建切片的 3 种方法，并合理选择。
3）理解 3 种切片的特点，能转换并编辑切片。
4）能优化和输出 Web 图形。

【任务分析】

为了使网页浏览流畅，在网页制作中往往不会直接使用整张大尺寸的图像。通常情况下都会将整张图像"分割"为多个部分，这就需要使用切片技术。切片技术就是将一整张图像切割成若干小块，并以表格的形式加以定位和保存。

本任务是对"BakeCake 蛋糕店"网站首页设计效果图（见图 2-20）进行切片。

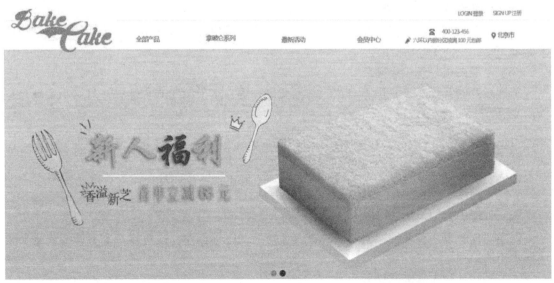

图　2-20

1. 什么是切片

切片使用 HTML 表或 CSS 图层将图像划分为若干较小的图像，这些图像可在 Web 页上重新组合。Photoshop 将每个切片存储为单独的文件并生成显示切片图像所需的 HTML 或 CSS 代码。通过划分图像，可以指定不同的 URL 链接以创建页面导航，或使用其自身的优化设置对图像的每个部分进行优化。

2. 切片的原则

切片后的网页图像还需要利用 Dreamweaver 进一步编辑，因此切片不仅是把图片分割成小块。为了便于后续的编辑，切片需要遵循一定的原则。

（1）不需要切的元素

在 Photoshop 中完成的网页效果设计，只是一个网页建成后的效果展示。在切片的时候，并非效果图中所有的元素都需要切。

采用网页标准字体录入的文字不用切。如宋体、黑体、微软雅黑等字体录入的中文文字，采用 Arial、Arial Black、Times New Roman、Verdana 等字体录入的英文文字。这些文字几乎能被所有计算机识别，可以保留为文字状态，不必使用图片。

纯色背景不需要切。单色元素可以直接在 Dreamweaver 中用代码描述，不需要使用图片。

（2）切片顺序

切片时按照先从上到下，后从左到右的顺序进行，划分的时候先整体后局部。

（3）大图划小

一张完整的大图不适合作为一个切片，而应该划分为多个切片，每个切片的大小在 50KB 左右为宜，便于网络浏览加载。

（4）按钮独立切片

网页中的按钮独立切片，便于以后编辑中可以进一步处理和更换。注意，加了投影等效果的按钮，其投影也应该包含在切片内。

（5）标志和文字保持完整

标志图案和文字应该保持完整，不能分割，它们都应该各自处于同一个切片内，这样便于显示完整，也便于今后修改。

（6）渐变图可只切 1px 宽或高

垂直渐变的背景图，只切 1px 宽，与渐变高相等；水平渐变的背景图，只切 1px 高，宽与渐变等宽。

> **温馨提示**
>
> 如果切片处于隐藏状态，则执行"视图"→"显示"→"切片"命令可以显示切片。

3. 创建切片的方法

创建切片的方法有 3 种：使用切片工具直接拖动鼠标创建，还可以基于参考线或基于图层创建。

（1）利用切片工具创建切片

单击工具箱中"裁切工具组"中的"切片工具"按钮（见图 2-21），在选项栏中设置"样式"（见图 2-22）。切片样式有正常、固定长宽比、固定大小 3 种。在图像中单击左键并拖拽鼠标创建一个矩形选框，释放鼠标左键就可以创建一个"用户切片"，而用户切片以外的部分将生成"自动切片"。

图　2-21

图　2-22

温馨提示

使用"切片"工具创建切片时，按住 <Shift> 键可以创建正方形切片；按住 <Alt> 键可以从中心向外创建矩形切片；按住 <Shift+Alt> 组合键，可以从中心向外创建正方形切片。

（2）基于参考线创建切片

按住 <Ctrl+R> 组合键显示出标尺，分别从水平标尺和垂直标尺上拖拽出参考线，以定义切片的范围。单击工具箱中的"切片工具"按钮，在选项栏中单击"基于参考线的切片"按钮 　基于参考线的切片 ，即可基于参考线的划分创建出切片。

（3）基于图层创建切片

执行"图层"→"新建基于图层的切片"命令，即可创建包含该图层所有像素的切片。

基于图层创建切片以后，当对图层进行移动、缩放、变形等操作时，切片会跟随该图层进行自动调整。

扩展阅读

使用切片工具创建的切片称为用户切片；通过图层创建的切片称为基于图层的切片；创建用户切片或基于图层的切片时会生成附加的自动切片来占据图像的区域，可以填充图像中用户切片或基于图层的切片未定义的空间。每一次添加或编辑切片时，都会重新生成自动切片。用户切片和基于图层的切片由实线定义，而自动切片由虚线定义。

4. 编辑切片

（1）选择切片

单击工具箱中的"切片选择工具"，可以对切片进行选择，选中的切片边框变成桔黄色。在"切片选择工具"选项栏中（见图 2-23），可以进行调整堆叠顺序、对齐与分布等操作。

图 2-23

（2）移动切片和调整切片大小

使用"切片选择工具" ，拖拽切片内部可以移动切片；拖动切片界框上的控制点即可调整切片的大小。

（3）划分切片

单击"切片选择工具"选项栏中的"划分"按钮 划分... ，可以设置水平或垂直等分切片。其对话框如图 2-24 所示。

图 2-24

（4）组合切片

使用"切片选择工具"选中多个切片，单击鼠标右键，从弹出的快捷菜单中选择"组合切片"命令，即可将选中的多个切片组合成一个切片，如图 2-25 所示。

图 2-25

（5）删除切片

选中切片后，按 <Delete> 键可将其删除。执行"视图"→"清除切片"命令可以清除所有创建的切片，但会保留一个全图像大小的自动切片，无法删除，只能隐藏。选择"视图"→"显示"→"切片"命令，可以显示或隐藏切片。

（6）转化为用户切片

基于图层的切片和自动切片无法进行移动、组合、划分等操作。需要将其转化为用户切片。选中需转化的切片，单击"选择切片工具"选项栏中的"提升"按钮 提升 ，即可将其转化为用户切片。

（7）设置切片选项

每个切片除了显示属性外，还包括 Web 属性。使用"选择切片工具"选项栏中的"为当前切片设置选项"按钮 ▥，打开"切片选项"对话框，如图 2-26 所示。

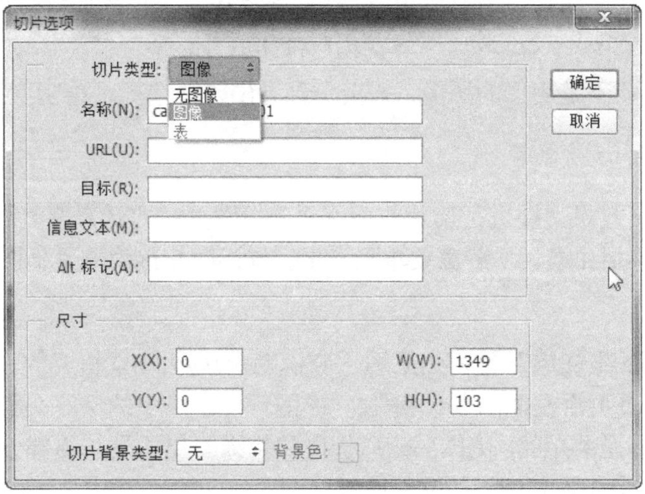

图　2-26

5. 优化与导出 Web 图像

选择"文件"→"导出"→"存储为 Web 和设备所用格式"命令，可以将划分好切片的网页设计稿优化导出。为最大化降低输出文件的大小，有利于网络浏览，可以对不同的切片应用不同的优化设置。该命令会将每个切片存储为单独的文件，并生成显示切片所需的 HTML 或 CSS 代码。

不同格式的图像文件的质量和大小不同，合理选择优化格式，可以有效地控制图形的质量。

（1）GIF 格式

GIF 是用于压缩具有单调颜色和清晰细节的图像的标准格式，是一种无损压缩格式。支持 8 位颜色，可以显示多达 256 种颜色。

（2）JPEG 格式

JPEG 是用于压缩连续色调图像的标准格式。将图像优化为 JPEG 格式的过程中，会丢失图像的一些数据。

（3）PNG-8 格式

与 GIF 格式一样，它可以有效地压缩纯色区域，同时保留清晰的细节。也支持 8 位颜色，可显示多达 256 种颜色。

（4）PNG-24 格式

它可以在图像中保留多达 256 个透明度级别，适合压缩连续色调图像，生成的文件比 JPEG 大得多。

（5）SVG 格式

可缩放的矢量图形（Scalable Vector Graphics）是基于 XML，由 W3C 联盟进行开发的。它是一种开放标准的矢量图形语言，可设计激动人心的、高分辨率的 Web 图形页面。用户可以直接用代码来描绘图像，可以用任何文字处理工具打开 SVG 图像，通过改变部分代码来使图像具有交互功能，并可以随时插入到 HTML 中通过浏览器来观看。

6. 切片导出原则

1）隐藏不需要切片的单色背景和标准字体文字。

2）对卡通类图像，一般采用 GIF、PNG-8 格式，并且可以根据情况降低颜色数。

3）对于色彩丰富的照片，一般采用 JPEG 格式优化，优化品质可以设置为 60%。

4）按钮切片用 GIF、PNG 格式，并选择"透明度"复选框。

5）共用并且形状不是矩形的图像，需要单独导出，并选择"透明度"复选框。

【任务实施】

对制作好的网页效果文件进行切片前，需要分析网页中的元素哪些是静止不变的，哪些是共用元素。对于共用元素，一般需要单独导出，导出时应该隐藏其他图层。

步骤一

打开"BakeCake 蛋糕店"首页效果图，分析发现其是 PSD 格式的，页面元素分层存放（见图 2-27）。网页页眉左侧的 logo 是独立的图；导航条中的文字是标准字体；底部表示图片切换的圆形图标是共用的；主体部分广告语和装饰图勺子是共用部分，悬浮于背景图上。图 2-28 中框中所指是需独立输出的共用图。

图 2-27

图 2-28

步骤二

从"工具箱"中选择"切片工具" ，首先从上到下将页眉、主体、页脚切片，如图 2-29 所示。选择"切片选择工具" ，选择自动切片 3，单击工具栏选项区中的"提升"按钮，将其转化成用户切片，为后面优化输出作准备。

图　2-29

步骤三

在"图层"面板，单击对应图层左侧的"指示图层的可见性"按钮 ，隐藏使用标准字体的图层及共用图所在的图层，如图 2-30 所示。

图　2-30

步骤四

1. 选择导出命令

选择"文件"→"导出"→"存储为 Web 和设备所用格式（旧版）"命令，打开如图 2-31 所示的对话框。

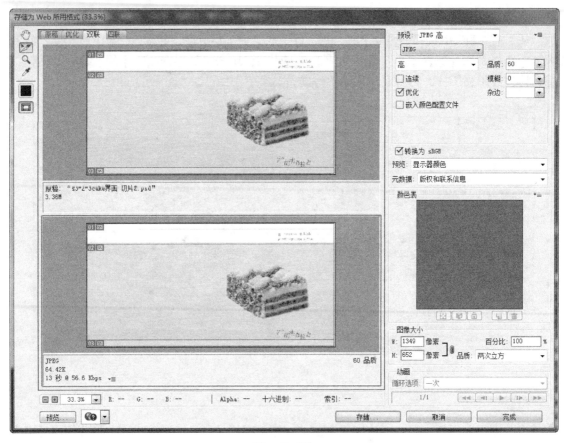

图 2-31

2. 切片优化设置

分别选中切片1和切片2,设置优化格式为"JPEG","品质"为"60",如图2-32所示。选中切片3,设置优化格式为"GIF",设置颜色为"8",如图2-33所示。

图 2-32

图 2-33

3. 存储网页及图像文件

单击"存储"按钮,选择"bakecake"文件夹,设置名称为"cake","格式"设置为"HTML 和图像","切片"选项设置为"所有切片",如图2-34所示。单击"保存"按钮,导出网页及相应的图片。

图　2-34

4. 查看导出结果

在资源管理器中查看到指定的保存文件夹"bakecake"中，自动生成了一个"cake.html"文件，自动创建的一个"images"文件夹，其中存放 3 个切片所对应的图片文件，如图 2-35 和图 2-36 所示。

名称	修改日期	类型	大小
images	2018/3/2 0:22	文件夹	
cake	2018/3/2 0:22	360 se HTML Do...	1 KB

图　2-35

名称	日期	类型	大小	标记
cake_01	2018/3/2 0:22	JPEG 图像	10 KB	
cake_02	2018/3/2 0:22	JPEG 图像	66 KB	
cake_03	2018/3/2 0:22	GIF 图像	4 KB	

图　2-36

步骤五

1. 显示共用图所在的图层，创建切片

在"图层"面板，单击对应图层左侧的"指示图层的可见性"按钮，显示共用图所在的图层，并隐藏背景层及其他图层，如图 2-37 所示，效果如图 2-38 所示。

图　2-37

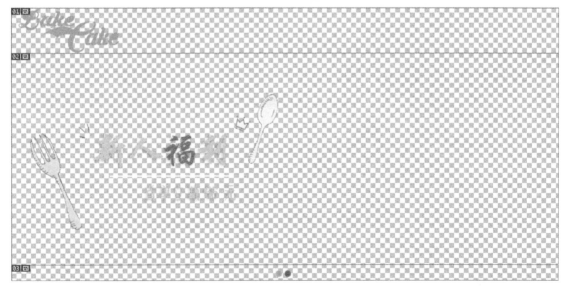

图　2-38

选择"图层"→"新建基于图层的切片"命令，基于图层创建切片，可以看到除了将选定图层上有像素的区域创建生成切片外，还生成了一些空白的自动切片，如图 2-39 所示。

切片有重叠现象，如果直接导出，则有些切片会被分割成几个图像文件。切片不大，如果想保持完整性，则可以调整一下切片。使用"切片选择工具"选择切片 8，单击工具选项栏上的"提升"按钮，将基于图层切片转换成用户切片，拖动界框控制点，调整切片边界，发现程序会自动调整，重新生成自动切片。同样选择切片 10，提升为用户切片，调整切片边界。调整后的切片效果如图 2-40 所示。

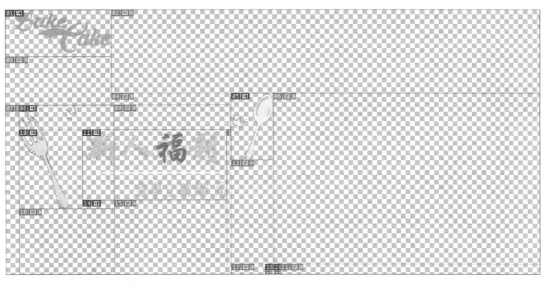

图　2-39

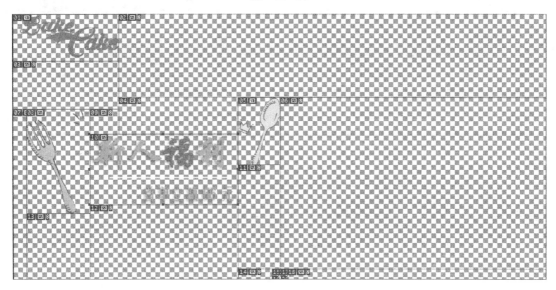

图　2-40

2. 导出基于图层切片

选择"文件"→"导出"→"存储为 Web 和设备所用格式（旧版）"命令，打开如图 2-41 所示的对话框。

按住 <Shift> 键，使用对话框左侧的"切片选择工具"，选择切片 1、切片 10，在对话框中设置格式为"PNG-24"，如图 2-42 所示；然后选中切片 5、切片 8、切片 15、切片 17，设置格式为"GIF"，设置颜色为"8"，如图 2-43 所示。

将切片 1、切片 10、切片 5、切片 8、切片 15、切片 17 同时选中，单击"存储"按钮，弹出存储对话框，设置保存位置，"切片"选项设置为"选中的切片"，如图 2-44 所示。然后单击"保存"按钮完成切片导出。

打开"cakelayer"文件夹可以看到其下包括一个"images"文件夹，为导出切片时程序自动创建的文件夹。打开该文件夹，可看到所有选定切片按指定格式导出，如图 2-45 所示。

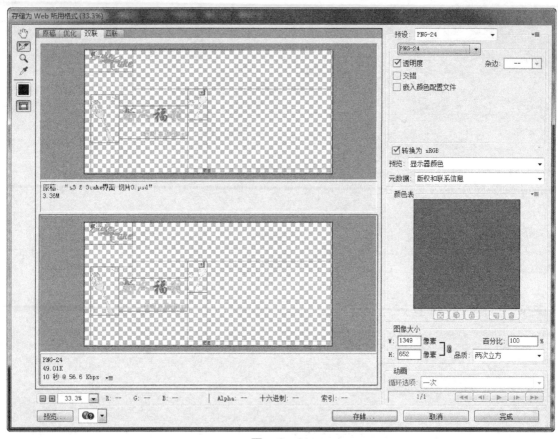

图 2-41

图 2-42

图 2-43

图　2-44

名称	日期	类型	大小	标记
cakelayer_01	2018/3/2 8:47	PNG 图像	15 KB	
cakelayer_05	2018/3/2 8:47	GIF 图像	4 KB	
cakelayer_08	2018/3/2 8:47	GIF 图像	4 KB	
cakelayer_10	2018/3/2 8:47	PNG 图像	37 KB	
cakelayer_15	2018/3/2 8:47	GIF 图像	2 KB	
cakelayer_17	2018/3/2 8:47	GIF 图像	2 KB	

图　2-45

步骤六

1）运行 Dreamweaver，选择"站点"→"新建站点"命令，在弹出的对话框中，设置"站点名称"为"焙焙糕饼"，将"本地站点文件夹"设置为"bakecake"文件夹，如图 2-46 所示。

2）单击"保存"按钮后，站点创建完成，查看"文件"面板，可以看到站点本地目录结构，如图 2-47 所示。

3）打开网页文件"cake.html"，可以看到通过切片导出的网页由一个 3 行 1 列表格控制布局，生成的 3 个切片图像分别插入在单元格中，拼接成一个完整的页面。切换到"代码"视图，其代码如图 2-48 所示，通过注释行"<!--Save for Web Slices（xx.psd）-->"来标明代码来源。

在此基础上可以继续进行网页编辑。

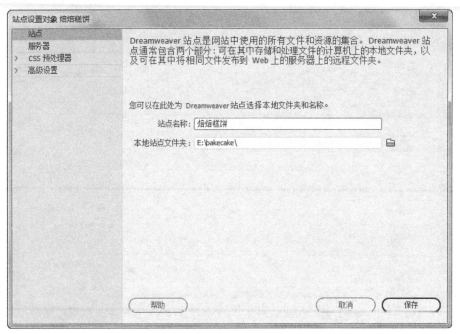

图 2-46

图 2-47

```
cake.html ×                                          焙焙糕饼 - E:\bakecake\cake.html
1 ▼ <html>
2 ▼ <head>
3   <title>s3-2-3cake界面-切片2</title>
4   <meta http-equiv="Content-Type" content="text/html; charset=utf-8">
5   </head>
6 ▼ <body bgcolor="#FFFFFF" leftmargin="0" topmargin="0" marginwidth="0" marginheight="0">
7   <!-- Save for Web Slices (s3-2-3cake界面-切片2.psd) -->
8 ▼ <table id="__01" width="1349" height="652" border="0" cellpadding="0" cellspacing="0">
9 ▼   <tr>
10      <td>
11        <img src="images/cake_01.jpg" width="1349" height="108" alt=""></td>
12    </tr>
13 ▼   <tr>
14      <td>
15        <img src="images/cake_02.jpg" width="1349" height="507" alt=""></td>
16    </tr>
17 ▼   <tr>
18      <td>
19        <img src="images/cake_03.gif" width="1349" height="37" alt=""></td>
20    </tr>
21  </table>
22  <!-- End Save for Web Slices -->
23  </body>
24  </html>
```

图 2-48

【任务评价】

教师评语:

　　结合本任务的学习,对照下列学习评价指标在指定的位置依照非常满意、比较满意、满意、不满意、非常不满意(对应分值分别为5、4、3、2、1)对自己的学习结果进行反思、评价。

序　号	评 价 指 标	自 我 评 价
1	会分析网页效果图并使用切片工具进行切片	
2	能创建基于图层的切片并进行调整	
3	会恰当设置切片优化参数,合理导出切片图像	
4	能够导出 HTML 和图像文件,并在 Dreamweaver 中进一步编辑	
5	了解不同图像格式的特点,并能恰当选择	

 插入多媒体元素

【学习目标】

　　1)了解常用的音频格式及其特点。
　　2)了解常用的视频格式及其特点。
　　3)会设置页面背景音乐。
　　4)能够在网页中添加 Flash 动画、视频、音频等多媒体对象。
　　5)能够在网页中添加 HTML 5 音频和视频。
　　6)了解不同的浏览器对多媒体文件格式的兼容性,测试多种浏览器验证兼容性。

【任务分析】

　　网页构成的要素很多,可以使用文本和图像元素来表达页面信息,还可以插入 Flash 动画、声音、视频等多媒体内容。多种元素的合理运用可以丰富页面的视觉效果和生动性。增强网页的娱乐性和感染力,多媒体成为最有魅力的方式,也是潮流方向。本任务是制作一个多媒体站点,主要实现在线观看 Flash 动画、Flash 视频以及其他类型的视频及音频文件。

【相关知识】

　　网页中常用的多媒体对象主要分为 Flash 类(包括 Flash 动画、Flash 按钮、Flash 文本、Flash 视频等)、Java Applets、ActiveX 控件类以及各种音频、视频文件。

1. 常见音频格式

（1）Midi 或 Mid 格式

乐器数字接口（Music Instrument Digital Interface，MIDI）主要用于电子器乐音乐。许多浏览器都支持 MIDI 文件，并且不需要插件。MIDI 文件的声音品质非常好，不能进行录制，必须使用特殊的硬件和软件在计算机上合成。

（2）WAV 格式

WAV 扩展（Waveform Extension）具有良好的声音品质，许多浏览器都支持此类格式的文件并且不需要插件。但文件通常较大，限制了在网页上的声音剪辑长度。可以从 CD、磁带、麦克风等录制 WAV 文件。

（3）AIF 格式

音频交换文件格式（Audio InterchangeFile Format，AIF）与 WAV 格式类似，也具有较好的声音品质，大多数浏览器都可以播放它并且不需要插件。其缺点与 WAV 格式的文件相同。

（4）MP3 格式

运动图像专家组（Motion Picture Experts Group，MPEG）音频是一种压缩格式，能够在音质丢失很小的情况下把文件压缩到更小的程度。其声音品质非常好，可以对文件进行"流式"处理，以便浏览者不必等待整个文件下载完成即可收听该文件。浏览者必须下载并安装辅助应用程序或插件。

（5）RA、RAM、RPM 或 Real Audio 格式

此格式具有非常高的压缩比，文件大小要小于 MP3 格式的文件。全部歌曲文件可以在合理的时间范围内下载。可以在普通的 Web 服务器上对这些文件进行"流式"处理，所以浏览者在文件完全下载完之前就可听到声音。必须下载并安装 RealPlayer 辅助应用程序或插件才可以播放这种文件。

（6）QT、QTM、MOV 或 QuickTime 格式

此格式是由 Apple Computer 开发的音频和视频格式，但是需要特殊的 QuickTime 驱动程序。

2. 常见视频格式

（1）MPEG（或 MPG）

它是一种压缩比率较大的活动图像和声音的视频压缩标准，也是 VCD 光盘所使用的标准。

（2）AVI

它是一种 Microsoft Windows 操作系统所使用的多媒体文件格式。

（3）WMV

它是一种 Windows 操作系统自带的媒体播放器 Windows Media Player 所使用的多媒体文件格式。

（4）RM

它是 Real 公司推广的一种多媒体文件格式，具有非常好的压缩比率，是网上应用最广泛的格式之一。

（5）MOV

它是 Apple 公司推广的一种多媒体文件格式。

【任务实施】

步骤一

为网页添加背景音乐，可以突出网页的主题氛围，但同时会增加网页的体积，增加下载的时间。

1. 使用 <bgsound> 标签添加背景音乐

打开要添加背景音乐的网页，切换到"代码"视图或"拆分"视图。

将光标定位在 <body></body> 标签之间或在 <head> 和 </head> 标签之间，输入代码"bgsound src="music/52.mid"loop="-1"></bgsound>"。

在 bgsound 标签中，src 用于指定背景音乐的源文件路径（建议使用相对于本网页的路径，包含文件扩展名）。loop 是指背景音乐的循环次数，如果输入为 -1，则表示无限循环。bgsound 标签中所支持的背景音乐格式为 WAV、MID、MP3 等。

保存网页，按 <F12> 键在浏览器中浏览网页，倾听背景音乐的播放效果。

温馨提示

此种方式 IE 浏览器能支持，能正常播放声音，但是有些浏览器不能正常播放。注意选择用不同的浏览器进行测试。

2. 使用插件嵌入音频

切换到"设计"视图，单击"插入"工具栏"HTML"标签中的"插件"按钮，在弹出的"选择文件"对话框中，选择声音文件，如图 2-49 所示。

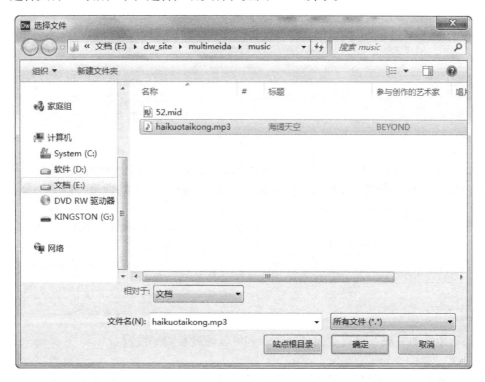

图　2-49

如果选择的是站点根目录之外的文件，则会提示将文件复制到根目录之内，可以在站点内分类存放用到的多媒体文件，如图 2-50 所示。若选择的是站点根目录之内的文件，则不会提示。

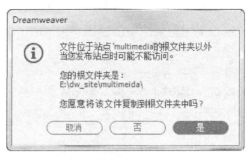

图　2-50

插入后的插件并不会在设计视图中显示内容，而是显示插件占位符。选中该插件占位符，在属性面板（见图 2-51）中设置其参数。

图　2-51

宽、高：设置声音播放控制器的大小。

源文件：是指声音文件路径，可以通过后面的"浏览"按钮选择。

保存文件，按 <F12> 键预览，会弹出一个提示限制脚本或 ActiveX 控件的提示信息，如图 2-52 所示。

图　2-52

选择"允许阻止的内容"，则网页显示播放控制器，同时音乐响起，默认是自动播放。可以通过播放控制器暂停、停止、播放、快进、倒退、调整音量、静音，如图 2-53 所示。

图　2-53

温馨提示

如果不想自动播放，并且能循环播放，则可以通过参数来设置。

单击"属性"面板中的"参数"按钮，可以添加相应的参数，如图 2-54 所示。

切换到"代码"视图，可以看到嵌入式声音文件是通过 <embed> 标签来实现的，如图 2-55

所示。为了避免背景音乐造成嘈杂，可以将 <bgsound> 标签注释掉或删除。

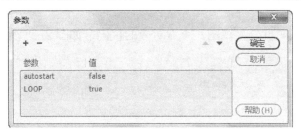

图　2-54

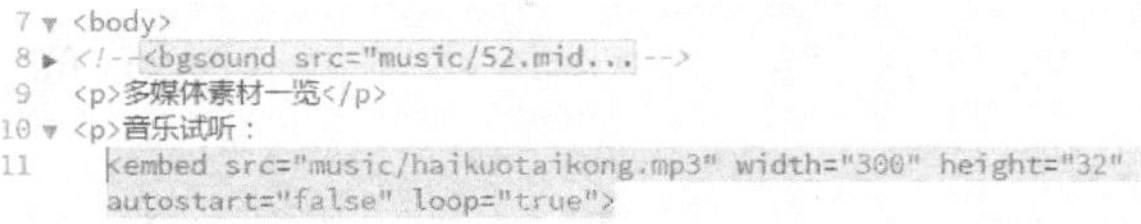

图　2-55

步骤二

HTML 标签支持的音乐格式不多，且不同的浏览器支持的格式也不同。HTML 5 新增 <audio> 标签来统一网页音频格式，可以直接使用该标签在网页中添加相应格式的音乐。

1. 插入 HTML 5 Audio 元素

打开网页文件，切换到"设计"视图，单击"插入"工具栏"HTML"选项卡中的"插入 HTML 5 Audio"按钮 ◀，在网页页面中插入一个占位符。

2. 设置 HTML 5 Audio 属性

选中占位符 ◀，选中 <audio> 标签，在出现的"属性"面板中进行设置，如图 2-56 所示。

图　2-56

ID：设置 HTML 5 Audio 元素的 ID 名称。

Class：下拉列表中可选择相应的类样式。

源：设置 HTML 5 Audio 元素的源音频文件，单击其后的"浏览"按钮，在弹出的对话框中选择音频源文件。

Title：设置 HTML 5 Audio 在浏览器中当鼠标指针移至该对象上时显示的提示文字。

Controls：设置在网页中是否显示音频播放控件。

Loop：设置音频是否循环播放。

Autoplay：设置打开网页时是否自动播放音频。

Muted：设置音频在默认情况下静音。

Preload：设置是否在打开网页时自动加载音频。none：当页面加载后不载入视频。auto：当页面加载后载入整个视频。metadata：当页面加载后载入视频元数据。

Alt 源 1：设置第 2 个 HTML 5 Audio 元素的源音频文件。

Alt 源 2：设置第 3 个 HTML 5 Audio 元素的源音频文件。

3. 查看源代码

切换到"代码"或"拆分"视图，查看对应的代码，如图 2-57 所示。

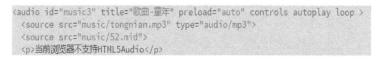

```
<audio id="music3" title="歌曲-童年" preload="auto" controls autoplay loop >
<source src="music/tongnian.mp3" type="audio/mp3">
<source src="music/52.mid">
<p>当前浏览器不支持HTML5Audio</p>
```

图　2-57

步骤三

HTML 5 新增的 HTML Video 元素所支持的视频格式主要有 MPEG4、WebM 和 OGG。要使用 HTML 5 的视频功能，浏览器的兼容性是一个不得不考虑的问题。

1. 插入 HTML 5 Video 元素

打开网页文件，切换到"设计"视图，单击"插入"工具栏"HTML"选项卡中的"插入 HTML 5 Video"按钮，在网页页面中插入一个占位符。

2. 设置 HTML 5 Video 相关属性

单击占位符，选中 <video> 标签，设置 HTML 5 Video 属性，如图 2-58 所示。其属性设置含义与 HTML 5 Audio 类似。

图　2-58

步骤四

Flash 是一种高质量、高压缩率的矢量动画，有超强的交互能力。插入在网页中的 Flash 影片为 swf 格式。能够增强网页的动态画面感，又能实现交互的功能。目前 Flash 动画是网络上最流行、最实用的动画格式之一。

1. 插入 swf 文件

单击"插入"栏"HTML"选项卡中的"Flash SWF"按钮。或者选择"插入"→"HTML"→"Flash SWF"命令，在弹出的对话框中选择 swf 文件，确定后会弹出"对象标签辅助功能属性"对话框，如图 2-59 所示。单击"确定"按钮，插入 Flash 影片后，在窗口中出现 Flash 占位符，如图 2-60 所示。

图　2-59

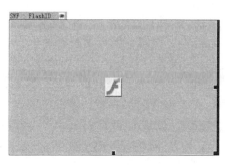

图　2-60

2. 设置 Flash 动画属性

选中 Flash 占位符，会出现 Flash 动画属性面板，如图 2-61 所示。

图　2-61

垂直边距：设置 Flash 动画与其上方、下方其他元素的距离。

水平边距：设置 Flash 动画与其左方、右方其他元素的距离。

品质：在 Flash 动画播放期间控制抗失真。设置越高，Flash 动画的观看效果就越好，但要求更快的处理器。

背景颜色：用来设置 Flash 动画的背景颜色。当 Flash 动画还没被显示时，其所在位置将显示此颜色。

比例：为"默认"则 Flash 动画全部显示，能保证各部分的比例。

无边框：在必要时，会漏掉 Flash 动画左右两边的一些内容。

严格匹配：Flash 动画将全部显示，但比例可能会有所变化。

Wmode：设置为透明时，页面背景可在 Flash 动画下衬托出来。

参数：设置需要传递给 Flash 动画的附加参数。

注意：Flash 动画必须设置好可以接收这些附加参数。

3. 查看文件，保存并预览

插入 Flash 动画后，查看"文件"面板，可以发现在本地文件夹中自动生成了一个 Script 文件夹，其中自动生成了两个文件，是控制 Flash 动画播放的脚本，不能删除。

按 <F12> 键，打开浏览器浏览效果。

步骤五

一般视频文件都需要专门的播放器来支持视频文件的播放，否则根本无法收看。Flash Video 即 Flash 视频，其扩展名为 flv，是目前广泛流行的一种视频文件格式。

1. 插入 flv 文件

单击"插入"栏"HTML"选项卡中的"Flash Video"按钮，弹出"插入 FLV"对话框，设置对话框内各项参数，如图 2-62 所示。

（1）Flash Video 视频的类型

累进式下载视频：将 Flash Video 视频文件下载到访问者的硬盘上，然后进行播放。允许边下载边播放。

流视频：对视频内容进行流式处理，在一段可以确保流畅播放的很短缓冲时间后在网页上播放。

（2）URL

指定 Flash Video 文件的相对路径或绝对路径。单击"浏览"按钮，可以选择文件，用到存放站点之外的文件时，会提示复制到站点内，自动添加的是相对路径；如果要指定某个网络服务器上的文件，则可以直接输入 URL 地址。

单击"确定"按钮后，页面中会出现 FLV 占位符，如图 2-63 所示。

图 2-62　　　　　　　　　　图 2-63

2. 设置 flv 文件属性

选中插入的 FLV 占位符，在弹出的"属性"面板进行设置，如图 2-64 所示。

图 2-64

步骤六

随着网络技术的飞速发展，网络视频点播已经普及，通过网络可以在线看免费的影片，在线收看远程教学等。这些都是通过在网页中嵌入视频文件来实现的。

网页中视频文件的常见格式有 rm、wmv、asf、mov 等。嵌入方式与音频文件的嵌入方法一致。

单击"插入"栏"HTML"选项卡中的"插件"按钮，或者选择"插入"→"HTML"→"插件"命令，在弹出的对话框中选择视频文件。

在"文档"窗口出现占位符，根据视频画面大小拖动插件占位符四周的控制点改变插件尺寸，参数设置也与音频文件相似。这里不再赘述。

【任务评价】

教师评语：

结合本任务的学习,对照下列学习评价指标在指定的位置依照非常满意、比较满意、满意、不满意、非常不满意(对应分值分别为 5、4、3、2、1)对自己的学习结果进行反思、评价。

序　号	评价指标	自我评价
1	添加背景音乐准确,能正常播放	
2	嵌入的多媒体对象能够播放	
3	正确插入 Flash 动画、Flash 视频	
4	HTML 5 Audio、HTML 5 Video 插入正确,能正常播放	
5	能合理布局页面,页面效果美观大方	

 使用 JavaScript 创建弹出对话框

【学习目标】

1)了解 JavaScript 的内涵与特点。

2)掌握 JavaScript 与 HTML 的结合方式,即 script 标签的书写。

3)掌握通过 JavaScript 创建弹出警告对话框、确认对话框、提示对话框的代码编写。

4)理解通过 JavaScript 创建弹出 3 种对话框的区别。

【任务分析】

要通过 JavaScript 创建弹出 3 种对话框,即警告对话框、确认对话框、提示对话框,就要掌握 3 种对话框的语法。

警告对话框的语法:alert("文本")。

确认对话框的语法:confirm("文本")。

提示对话框的语法:prompt("文本","默认值")。

【相关知识】

1)JavaScript 是一种直译式脚本语言,它是一种动态类型、弱类型、基于原型的语言,内置支持类型。它的解释器被称为 JavaScript 引擎,为浏览器的一部分,已被广泛用于 Web 应用的开发,常用来为网页添加动态功能,为用户提供更流畅美观的浏览效果。

2)通常 JavaScript 脚本是通过嵌入在 HTML 中来实现自身的功能的。

其基本特点为:

① 它是一种解释性脚本语言(代码不进行预编译)。

② 它主要用来向 HTML 页面添加交互行为。

③ 它可以直接嵌入 HTML 页面,但写成单独的 js 文件有利于结构和行为的分离。

④ 它具有跨平台特性,在绝大多数浏览器的支持下,可以在多种平台下运行(如 Windows、Linux、Mac、Android、iOS 等)。

3)JavaScript 与 HTML 的结合方式是使用 script 标签,即 <script></script> 标签。

通过 HTML 提供的一个标签来把 JavaScript 代码与 HTML 代码集合。

`<script type="text/javascript">JavaScript 的代码 </script>`

通过标签的 src 属性，用引入的方式把外部文件引入到 HTML 中。格式为 `<script type="text/javascript" src="../../js 文件 .js"></script>`，引入的方式使 JavaScript 与 HTML 分离，方便扩展。可缓存使用。

注意：上面两种方式不可以混合在一起使用，但可组合使用。

4）在网页上常看见屏幕上有时会弹出一个对话框。对话框这种方式使得网页页面的交互性更强了。

在 JavaScript 中可以创建弹出 3 种对话框，即警告对话框、确认对话框和提示对话框。

① 警告对话框。只有一个"确定"按钮，并无返回值。警告对话框经常用于确保用户可以得到某些信息的情况下使用。

当警告对话框出现后，用户需要单击"确定"按钮才能继续操作。

语法：alert（" 文本 "）。

② 确认对话框。

有两个按钮，即"确定"和"取消"，返回"True"或"False"。用于使用户验证或者接受某些信息。当确认对话框出现后，用户需单击"确定"或者"取消"按钮才能继续操作。如果用户单击"确认"按钮，则返回值为"True"。如果用户单击"取消"按钮，则返回值为"False"。

语法：confirm（" 文本 "）。

③ 提示对话框。

返回输入的消息或者其默认值。提示对话框经常用于提示用户在进入页面前输入某个值。当提示对话框出现后，用户需输入某个值，然后单击"确认"或"取消"按钮才能继续操作。如果用户单击"确认"按钮，则返回值为输入的值。如果用户单击"取消"按钮，那么返回值为"null"。

语法：prompt（" 文本 "，" 默认值 "）。

【任务实施】

步骤一

在站点中新建一个 HTML 文件，命名为"JingGao.html"（警告），如图 2-65 所示（以 Dreamweaver 软件为例进行说明）。

步骤二

在"代码"处编辑弹出"警告"框的代码。代码如下：

图 2-65

```
<head>
<title> 通过 JavaScript 弹出 "警告" 对话框 </title>
<script type="text/javascript">            // 引入 JavaScript 代码
function disp_alert()                       // 定义一个函数
{
alert(" 这是一个 "警告" 框！！！ ")      // "警告" 语句
}
</script>
</head>
```

```
<body>
通过 JavaScript 弹出"警告"对话框实例→
<input type="button" onClick="disp_alert()" value="显示"警告"框" />
                                // 定义按钮值以及按下按钮后显示的函数值
</body>
```

完整的代码如图 2-66 所示。

```
<!DOCTYPE html PUBLIC "-//W3C//DTD XHTML 1.0 Transitional//EN" "http://www.w3.org/TR/xhtml1/DTD/xhtml1-transitional.dtd">
<html xmlns="http://www.w3.org/1999/xhtml">
<head>
<meta http-equiv="Content-Type" content="text/html; charset=utf-8" />
<title> 通过 Javascript 弹出"警告"对话框</title>
<script type="text/javascript">
function disp_alert()
{
alert("这是一个"警告"框！！！")
}
</script>
</head>
<body>
通过 Javascript 弹出"警告"对话框实例→
<input type="button" onClick="disp_alert()" value="显示"警告"框" />
</body>
</html>
```

图　2-66

步骤三

代码运行后结果如图 2-67 和图 2-68 所示。

图　2-67　　　　　　　　　　图　2-68

步骤四

在站点中新建一个 HTML 文件，命名为"QueRen.html"（确认），如图 2-69 所示。

图　2-69

步骤五

在"代码"处编辑弹出"确认"框的代码。代码如下：

```
<head>
<script type="text/javascript">
function show_confirm()
{
```

```
var r=confirm("你喜欢上《网站建设与管理》课吗？");
                        //在页面上弹出"确认"对话框，让用户选择
if (r==true)
  {
  alert("你非常喜欢!");        //"确认"返回一个"True"值
  }
else
  {
  alert("你不喜欢!");          //"取消"返回一个"False"值
  }
}
</script>
</head>
<body>
<input type="button" onclick="show_confirm()" value=" 请你进行选择！" />
</body>
```

完整的代码如图 2-70 所示。

```
<!DOCTYPE html PUBLIC "-//W3C//DTD XHTML 1.0 Transitional//EN" "http:/
<html xmlns="http://www.w3.org/1999/xhtml">
<head>
<meta http-equiv="Content-Type" content="text/html; charset=utf-8" />
<title>通过 Javascript 弹出"确认"对话框</title>
<script type="text/javascript">
function show_confirm()
{
var r=confirm("你喜欢上《网站建设与管理》课吗？");
if (r==true)
  {
  alert("你非常喜欢!");
  }
else
  {
  alert("你不喜欢!");
  }
}
</script>
</head>
<body>
<input type="button" onclick="show_confirm()" value="请你进行选择！" />
</body>
</html>
```

图　2-70

步骤六

代码运行结果如图 2-71 ～图 2-74 所示。

图　2-71

图　2-72

图　2-73　　　　　　　　　　图　2-74

步骤七

在站点中新建一个HTML文件, 命名为 "TiShi.html"（提示）, 如图2-75
所示。

步骤八

在 "代码" 处编辑弹出 "提示" 框的代码。代码如下：　　　　　　　　图　2-75

```
<head>
<script type="text/javascript">
function disp_prompt()
 {
 var name=prompt(" 请输入你的姓名：","王玉 ")
 // 提示输入姓名，预设输入一个叫 "王玉" 的名字作为样例
 if (name!=null && name!= "" )
  {
   document.write(" 你好！  " + name + " ！ 欢迎你来到《网站建设与管理》的课堂！ ")   // 如果输入的姓
名不为空，则显示该句话内容
  }
 }
</script>
</head>
<body>
<input type= "button" onclick= "disp_prompt()" value= " 显示提示框内容 " />
</body>
```

完整的代码如图 2-76 所示。

```
<!DOCTYPE html PUBLIC "-//W3C//DTD XHTML 1.0 Transitional//EN" "http://www
<html xmlns="http://www.w3.org/1999/xhtml">
<head>
<meta http-equiv="Content-Type" content="text/html; charset=utf-8" />
<title> 通过 Javascript 弹出"提示"对话框</title>
<script type="text/javascript">
function disp_prompt()
  {
  var name=prompt("请输入你的姓名：","王玉")
  if (name!=null && name!="")
    {
    document.write("你好！  " + name + "！ 欢迎你来到《网站建设与管理》的课堂！ ")
    }
  }
</script>
</head>

<body>
<input type="button" onclick="disp_prompt()" value="显示提示框内容" />
</body>

</html>
```

图　2-76

步骤九

代码运行结果如图 2-77 ～图 2-79 所示。

图 2-77

图 2-78

图 2-79

温馨提示

script 标签放置位置

script 标签可以放在 HTML 页面的任意位置。如：

1）<head></head> 内。

2）<body></body> 内。

3）<html></html> 后。

script 标签多放在 <head></head> 之内，但如果 HTML 解析及调用 HTML 中的标签，则把 script 标签放在 HTML 标签的下面。

【任务评价】

教师评语：

结合本任务的学习，对照下列学习评价指标在指定的位置依照非常满意、比较满意、满意、不满意、非常不满意（对应分值分别为 5、4、3、2、1）对自己的学习结果进行反思、评价。

序　号	评价指标	自我评价
1	掌握 script 标签的书写	
2	掌握在 JavaScript 中创建警告对话框的代码编写方法	
3	掌握在 JavaScript 中创建确认对话框的代码编写方法	
4	掌握在 JavaScript 中创建提示对话框的代码编写方法	
5	理解在 JavaScript 中创建的三种对话框的区别	

任务5 使用 JavaScript 检测用户登录、注册信息

【学习目标】

1）掌握通过 JavaScript 检测用户的登录信息的方法。

2）掌握通过 JavaScript 检测用户的注册信息的方法。

3）了解设置文本域的属性知识的方法。

4）掌握"服务器行为"面板中"用户身份验证"下的"登录用户"命令的设置方法。

5）掌握"行为"面板中"检查表单"命令的设置方法。

【任务分析】

通过 JavaScript 检测用户输入信息的完整性包括两种情况的检测，即登录用户检测和注册用户检测。

登录用户检测需要检测用户在页面上输入的用户名、密码与数据库表中的用户名、密码内容是否一致。主要用到"用户身份验证"中的"登录用户"命令。

注册用户检测可以检查用户表中是否已经包含该用户、注册过程中两次密码是否一致等情况。

【相关知识】

1）在用户访问系统时，首先要进行身份验证，这个功能通过登录页面来实现。在登录页面中，要求必须提供用于输入用户名和密码的文本框以及输入完成后进行登录的"登录"按钮。如果用户忘记密码，则可以单击"忘记密码"按钮进行密码找回，如果不是已注册过的用户则可单击"注册"按钮成为注册用户，如图 2-80 所示。

图　2-80

2）设置文本域的属性。

"文本域"文本框：为该文本域指定一个名称。每个文本域都必须有一个唯一的名称。所选名称必须在该表单内唯一标识该文本域。表单对象名称不能包含空格或特殊字符。可使用字母、数字、字符和下划线"_"的任意组合。需注意的是，为文本域指定的标签是存储该域的值的变量名。这是发送给服务器进行处理的值。

在"属性"检查器中可设置以下任一选项：

① "字符宽度"设置域中最多可显示的字符数。

② "最多字符数"指定在域中最多可输入的字符数。如果输入的字符超过"字符宽度"而小于"最多字符数"，超过的部分不被显示。需注意的是，虽然超过的部分无法在该域中看到，但域对象可识别它们，而且它们会被发送到服务器进行处理。如果将"最多字符数"文本框保留为空白，则用户可以输入任意数量的文本。如果文本超过域的"字符宽度"，则文本将滚动显示。如果用户输入超过"最多字符数"，则表单产生警告。文本域属性设置如图 2-81 所示。

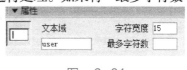

图　2-81

③ "行数"（在选中了"多行"选项时可用）可设置多行文本域的域高度，如图 2-82 所示。

图　2-82

④"换行"（在选中了"多行"选项时可用）指定当用户输入的信息较多，无法在定义的文本区域内显示时，如何显示用户输入的内容。换行选项包含如下选项："默认""关""虚拟""实体"。"默认或关"可防止文本换行到下一行，当用户输入的内容超过文本区域的右边界时，文本将向左侧滚动，用户必须按 <Return> 键才能将插入点移动到文本区域的下一行。"虚拟"是在文本区域中设置自动换行，当用户输入的内容超过文本区域的右边界时，文本换行到下一行；当提交数据进行处理时，自动换行并不应用于数据，数据作为一个数据字符串进行提交。"实体"是在文本区域设置自动换行，当提交数据进行处理时，也对这些数据设置自动换行。

⑤"类型"指定域为"单行""多行"还是"密码"。"单行"文本域内只能显示一行文字；"多行"文本域内可输入多行文字，达到字符宽度就换行；在"密码"文本域内输入时输入内容显示为项目符号或星号，以保护它不被其他人看到。

⑥"初始值"指定在首次载入表单时域中显示的值。

⑦"类"可将 CSS 规则应用于对象。

3）"服务器行为"面板中的"用户身份验证"下的"登录用户"对话框的作用，如图 2-83 和图 2-84 所示。

图　2-83

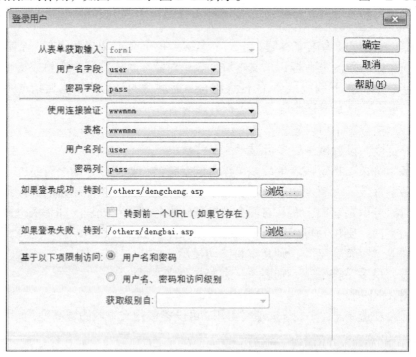

图　2-84

① 在"从表单获取输入"下拉列表中选择该服务器行为使用网页中的"form1"对象，设定该用户登录服务器行为的用户数据来源为表单对象中访问者填写的内容。

② 在"用户名字段"下拉列表中选择文本域"user"对象，设定该用户登录服务器行

为的用户名数据来源为表单的"user"文本域中访问者输入的内容。

③在"密码字段"下拉列表中选择文本域"pass"对象，设定该用户登录服务器行为的用户名数据来源为表单的"pass"文本域中访问者输入的内容。

④在"使用连接验证"下拉列表中，选择用户登录服务器行为使用的数据源连接对象为"wwwmmm"。

⑤在"表格"下拉列表中，选择该用户登录服务器行为使用到的数据库表对象为"wwwmmm"。

⑥在"用户名列"下拉列表中，选择表"user"存储用户名的字段为"user"。

⑦在"密码列"下拉列表中，选择表"pass"存储用户名密码的字段为"pass"。

⑧在"如果登录成功，转到"文本框中输入登录成功后转向"/others/dengcheng.asp"页面。

⑨在"如果登录失败，转到"文本框中输入登录失败后转向"/others/dengbai.asp"页面。

⑩选中"基于以下项限制访问"后面的"用户名、密码"单选按钮，设定后面将根据用户的用户名、密码共同决定其访问网页的权限。

4）设置一个验证表单的动作，用来检查用户在表单中填写的内容是否满足数据库中表 user 的字段要求。在将用户填写的注册资料提交到服务器之前，就会对用户填写的资料进行验证。如有不符合要求的信息，可向用户显示错误的原因，并让用户重新输入。

5）打开"标签检查器"下的"行为"面板，选择"检查表单"命令，打开对话框，如图 2-85 所示。

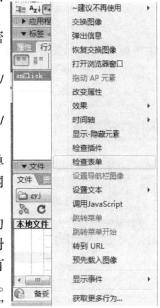

图　2-85

<table>
<tr><td>~建议不再使用</td><td>▶</td></tr>
<tr><td>交换图像</td><td></td></tr>
<tr><td>弹出信息</td><td></td></tr>
<tr><td>恢复交换图像</td><td></td></tr>
<tr><td>打开浏览器窗口</td><td></td></tr>
<tr><td>拖动 AP 元素</td><td></td></tr>
<tr><td>改变属性</td><td></td></tr>
<tr><td>效果</td><td>▶</td></tr>
<tr><td>时间轴</td><td>▶</td></tr>
<tr><td>显示-隐藏元素</td><td></td></tr>
<tr><td>检查插件</td><td></td></tr>
<tr><td>检查表单</td><td></td></tr>
<tr><td>设置导航栏图像</td><td></td></tr>
<tr><td>设置文本</td><td>▶</td></tr>
<tr><td>调用 JavaScript</td><td></td></tr>
<tr><td>跳转菜单</td><td></td></tr>
<tr><td>跳转菜单开始</td><td></td></tr>
<tr><td>转到 URL</td><td></td></tr>
<tr><td>预先载入图像</td><td></td></tr>
<tr><td>显示事件</td><td>▶</td></tr>
<tr><td>获取更多行为…</td><td></td></tr>
</table>

温馨提示

表单事件

表单事件是指通过表单触发的事件，在用户注册的表单中可通过表单事件完成对用户名合法性检查、唯一性检查、用户密码合法性检查等。

1. 常用事件

1）onClick 鼠标单击事件。

通常在下列基本对象中产生：

①button（按钮对象）。

②checkbox（复选框）或（检查列表框）。

③radio（单选按钮）。

④submit buttons（提交按钮）。

2）onLoad 页面加载事件：当页面加载时，自动调用函数（方法）。注意：此方法只能写在 <body> 标签之中。

3）onScroll 窗口滚动事件：当页面滚动时调用函数。

4）onBlur 失去焦点事件：当光标离开文本框时触发调用函数。

5）onFocus 事件：光标进入文本框时触发调用函数。

6）onChange 事件：文本框的 value 值发生改变时调用函数。

7）onSubmit 事件：属于 <form> 表单元素，写在 <form> 表单标签内。语法：onSubmit= "return 函数名()"。

2. 鼠标相关事件

1）onMouseOver：鼠标移动到某对象范围的上方时触发事件调用函数。注意：在同一个区域之内，无论怎样移动就触发一次函数。

2）onMouseOut：鼠标离开某对象范围时触发事件调用函数。

3）onMouseMove：鼠标移动到某对象范围的上方时触发事件调用函数。注意：在同一个区域之内，只要移动一次就触发一次事件调用一次函数。

4）onMouseUp：当鼠标松开时触发事件调用函数。

5）onMouseDown：当鼠标按下时触发事件调用函数。

【任务实施】

步骤一

打开"index.asp"页面，按图 2-80 所示进行登录页面的设计。其中，在"用户名"后选择"插入记录"→"表单"→"文本域"命令，如图 2-86 所示。插入一个单行文本域表单对象，并定义文本域名为"user"。文本域的属性设置如图 2-87 所示。

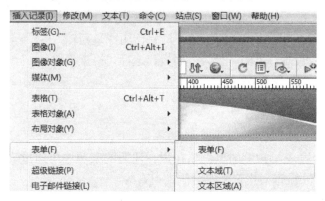

图　2-86

图　2-87

在"密码"后选择"插入记录"→"表单"→"文本域"命令，插入密码文本域表单对象，并定义文本域名为"pass"，文本域的属性设置如图 2-88 所示。

图　2-88

选择"插入记录"→"表单"→"按钮"命令，如图 2-89 所示。插入两个按钮，一个按钮名称为 button1，其属性设置如图 2-90 所示。另一个按钮名称为 button2，其属性设置如图 2-91 所示。

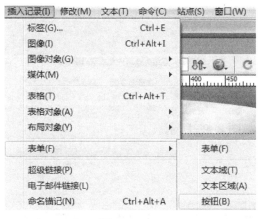

图　2-89

图　2-90

图　2-91

步骤二

打开"应用程序"下的"服务器行为"面板，单击该面板上的 ➕ 按钮，执行"用户身份验证"→"登录用户"命令，如图 2-83 所示。向该网页添加"登录用户"的服务器行为，如图 2-84 所示。

设置完成后，单击"确定"按钮，关闭该对话框，返回到"文档"窗口。在"服务器行为"面板中就增加了一个"登录用户"行为，如图 2-92 所示。

这时表单对象对应的"属性"面板的"动作"属性值如图 2-93 所示，它的作用是实现用户登录功能。"<%=MM_LoginAction%>"是 Dreamweaver 自动生成的动作代码。

图　2-92

图　2-93

选择"文件"→"保存"命令，将文档保存到本地站点中。

步骤三

当用户输入的登录信息不正确时，就会转到"dengbai.asp"页面，显示登录失败的信息。如果用户输入的登录信息正确，则会转到"dengcheng.asp"页面。

登录失败页面的设计如图 2-94 所示。

图　2-94

登录成功页面的设计如图 2-95 所示。

图　2-95

打开"应用程序"下的"绑定"面板，单击该面板上的 ⊞ 按钮，在弹出的菜单中选择"阶段变量"命令，为网页定义一个阶段变量，如图 2-96 和图 2-97 所示。设置完成后，单击"确定"按钮，"绑定"面板中会出现"mm_username"变量，如图 2-98 所示。

图　2-96　　　　　　图　2-97　　　　　　图　2-98

将变量插入到图 2-95 所示的页面中，会出现"{Session.mm_username}"占位符。设计阶段变量的目的是在用户登录成功后，登录界面中可直接显示用户的名字，使页面变得友好。结果显示如图 2-99 所示。

图　2-99

步骤四

用户登录系统是提供数据库中已有的用户登录用的，如果不是系统的老用户，还需要有新用户注册的页面，如图 2-100 所示。

会员注册	
用户名	_____ (用户名不能为admin)
密码	_____ (密码字符要在6~10之间)
确认密码	_____ (两次密码必须一致)
性别	⊙ 男　○ 女
Email	_____
文化程度	初中 ▾
出生年月	____ 年 1 ▾ 月 1 ▾ 日
兴趣爱好	□ 听音乐　□ 打篮球　□ 其他
密码提示问题	_____
密码提示答案	_____
验证码	____ 3617

注册　重置

图　2-100

步骤五

设置验证表单的动作，是为检查用户在表单中填写的内容是否满足数据库中表 user 字段的要求，在将用户填写的注册资料提交到服务器之前，会对用户填写的资料进行验证。如果有不符合要求的信息，则可向用户显示错误的原因，并允许用户重新输入，如图 2-101 所示。

图　2-101

表
- admin
- bankuai
- ly
- tupian
- user

执行"行为"面板下的"添加行为"按钮，选择"检查表单"命令，打开"检查表单"对话框，如图 2-102 和图 2-103 所示。

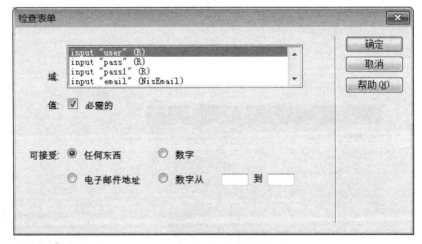

图　2-102　　　　　　　　　　　　　图　2-103

设置完成后，单击"确定"按钮，完成对检查表单的设置，如图 2-104 所示。

说明：设置 user 文本域、pass 文本域、pass1 文本域为"值：必需的""可接受：任何东西"，即这些文本域必须填写，内容不限，但不能为空。E-mail 文本域的验证条件为"值：

必需的""可接受：电子邮件地址"，表示该文本域必须填写电子邮件地址且不能为空。

经过设置后，如果注册时什么都不输入，则会出现如图 2-105 所示的错误提示信息，其相应的 JavaScript 代码如图 2-106 所示。如果输入的用户名为管理员用户名则会出现如图 2-107 所示的错误提示，其相应的 JavaScript 代码如图 2-108 所示。如果密码输入不符合规定要求，则会出现如图 2-109 所示的错误提示，其相应的 JavaScript 代码如图 2-110 所示。如果两次密码输入不一致，则会出现如图 2-111 所示的错误提示，其相应的 JavaScript 代码如图 2-112 所示。如果 E-mail 输入的格式不是规范格式，验证码输入不正确，则会出现如图 2-113 所示的错误提示。其相应的 JavaScript 代码如图 2-114 所示。

图 2-104

图 2-105

```
<!--
function MM_validateForm() { //v4.0
  if (document.getElementById) {
    var i,p,q,nm,test,num,min,max,errors='',args=MM_validateForm.arguments;
    for (i=0; i<(args.length-2); i+=3) { test=args[i+2]; val=document.getElementById(args[i]);
      if (val) { nm=val.name; if ((val=val.value)!="") {
        if (test.indexOf('isEmail')!=-1) { p=val.indexOf('@');
          if (p<1 || p==(val.length-1)) errors+='- '+nm+' 必须输入正确的Email地址.\n';
        } else if (test!='R') { num = parseFloat(val);
          if (isNaN(val)) errors+='- '+nm+' must contain a number.\n';
          if (test.indexOf('inRange') != -1) { p=test.indexOf(':');
            min=test.substring(8,p); max=test.substring(p+1);
            if (num<min || max<num) errors+='- '+nm+' must contain a number between '+min+' and '+max+'.\n';
        } } } else if (test.charAt(0) == 'R') errors += '- '+nm+' is required.\n'; }
    }
    if(document.form1.yan.value!=document.form1.yan1.value)errors+='验证码输入不正确'
    if (errors) alert('温馨提示:\n'+errors);
    document.MM_returnValue = (errors == '');
} }
//-->
</script>
```

图 2-106

图 2-107

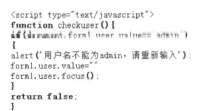

```
<script type="text/javascript">
function checkuser() {
if(document.form1.user.value== admin )
alert('用户名不能为admin，请重新输入')
form1.user.value=""
form1.user.focus()
}
return false;
}
```

图 2-108

图　2-109

```
function checkpass(){
if(document.form1.pass.value.length<6&&document.form1.pass.value!="")
{
alert('密码字符不能少于6位，请重新输入');
form1.pass.value=""
form1.pass.focus();
}
if(document.form1.pass.value.length>10&&document.form1.pass.value!="")
{
alert('密码字符不能超过10位，请重新输入');
form1.pass.value=""
form1.pass.focus();
}
return false;
}
```

图　2-110

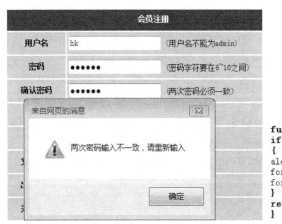

```
function checkpass1(){
if(document.form1.pass.value!=document.form1.pass1.value)
{
alert('两次密码输入不一致，请重新输入');
form1.pass.value=form1.pass1.value=""
form1.pass1.focus();
}
return false;
}
```

图　2-111　　　　　　　　　　　　　　　　　　图　2-112

77

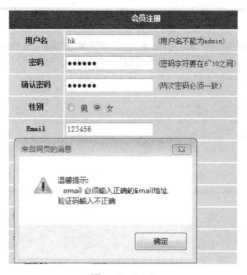

图　2-113

```
<!--
function MM_validateForm() { //v4.0
  if (document.getElementById) {
    var i,p,q,nm,test,num,min,max,errors='',args=MM_validateForm.arguments;
    for (i=0; i<(args.length-2); i+=3) { test=args[i+2]; val=document.getElementById(args[i]);
      if (val) { nm=val.name; if ((val=val.value)!="") {
        if (test.indexOf('isEmail')!=-1) { p=val.indexOf('@');
          if (p<1 || p==(val.length-1)) errors+='- '+nm+' 必须输入正确的Email地址.\n';
        } else if (test!='R') { num = parseFloat(val);
          if (isNaN(val)) errors+='- '+nm+' must contain a number.\n';
          if (test.indexOf('inRange') != -1) { p=test.indexOf(':');
            min=test.substring(8,p); max=test.substring(p+1);
            if (num<min || max<num) errors+='- '+nm+' must contain a number between '+min+' and '+max+'.\n';
        } } } else if (test.charAt(0) == 'R') errors += '- '+nm+' is required.\n'; }
    }
    if(document.form1.yan.value!=document.form1.yan1.value)errors+='验证码输入不正确'
    if (errors) alert('温馨提示:\n'+errors);
    document.MM_returnValue = (errors == '');
} }
//-->
</script>
```

图　2-114

当新注册的用户信息填写符合要求时，需要在该网页中添加一个"插入记录"的服务器行为。在"应用程序"下的"服务器行为"面板，单击"⊞"按钮，在弹出的菜单中，选择"插入记录"选项，打开"插入记录"对话框。将新的用户信息插入后，转入到"zhucheng. asp"，如图 2-115 和图 2-116 所示。

用户名是用户登录的身份标志，不能重复，故在添加记录之前，一定要先在数据库中判断该用户是否存在，如果存在，则不能进行注册。单击"服务器行为"面板上的"⊞"按钮，在弹出的菜单中选择"用户身份验证"→"检查新用户名"命令，打开"检查新用户名"对话框。如果用户名已经存在，则转到文本框输入的"zhubai.asp"页面，显示注册失败信息。设置如图 2-117 和图 2-118 所示。

图　2-115

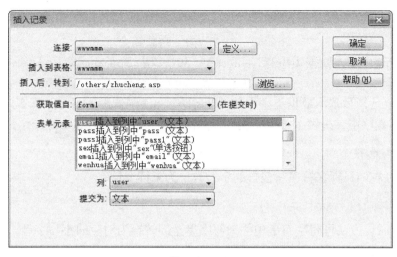

图　2-116

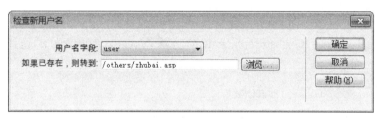

图　2-117　　　　　　　　　　　　　　　　　图　2-118

步骤六

设计注册成功页面"zhucheng.asp"和注册失败页面"zhubai.asp",结果如图 2-119 和图 2-120 所示。

EditRegion1

恭喜您,注册成功稍等片刻自动返回首页!

自动跳转中……

图　2-119

EditRegion1

对不起,注册失败用户名已被占用!

返回首页　重新注册

图　2-120

JavaScript String 对象简介

在 JavaScript 中基本数据类型有 Number 型、String 型、Boolean 型、Undefined 型、Null 型、Function 型等。

String 对象是指和基本数据类型中的 String 类型相对应的 JavaScript 脚本内置对象。在 JavaScript 脚本程序中，提供了丰富的属性、方法支持，便于灵活高效地操作 String 对象。

1. length 属性

length 属性存储目标字符串所包含的字符数，为只读属性。

2. 小写转换 toLowerCase()

toLowerCase() 方法可将字符串中的大写字母全部转换为对应的小写字母。

3. 大写转换 toUpperCase()

将字符串中所有小写字母转换为对应的大写字母。

4. 字符串替换 replace()

replace(regexp/substr,replacement) 方法将 regexp/substr 处的正则表达式或字符串直接替换为 replacement。

5. 字符串匹配 match()

match(str) 方法在字符串中查找 str 所指定的字符串，若查找成功，则返回该字符串，否则返回 null。

6. 字符串拼接 concat()

MyString.concat(str) 方法将 str 串连接到 MyString 字符串后。可同时依次连接多个字符串，如 MyString.concat(str1,str2,str3)。

7. 字符串分割 split()

split() 方法用于将字符串分割，split(str,num) 以 str 为指定分割符，返回分割的 num 个子串数组。

8. 字符串检索 indexOf()

indexOf(str,s) 方法，在字符串中检索 str 出现的位置，s 为可选参数，指定检索开始的位置。s 的合法取值范围为 $0 \sim$ String.length-1。若检索成功，则返回匹配子串的首字母下标，否则返回 -1。

【任务评价】

教师评语：

结合本任务的学习,对照下列学习评价指标在指定的位置依照非常满意、比较满意、满意、不满意、非常不满意（对应分值分别为 5、4、3、2、1）对自己的学习结果进行反思、评价。

序　号	评 价 指 标	自 我 评 价
1	掌握通过 JavaScript 检测用户登录信息的方法	
2	掌握通过 JavaScript 检测用户注册信息的方法	
3	掌握"服务器行为"面板中"用户身份验证"下的"登录用户"命令的设置方法	
4	掌握"行为"面板中"检查表单"命令的设置方法	
5	了解设置文本域的属性知识	

 使用 JavaScript 制作倒计时效果

【学习目标】

1）熟悉 JavaScript 的 Date 对象。

2）掌握使用日期对象 Date 的方法。

3）掌握不同时间内容的获取方法。

4）掌握计算时差的方法。

【任务分析】

网页中倒计时效果随处可见，例如，团购网、电商网、门户网等倒计时抢购活动等。要想在网页中实现倒计时效果，需要用到 JavaScript 中的 Date 对象。

要使用 Date 对象就要掌握创建 Date 对象的语法，掌握不同倒计时效果的计算思路及方法，获取时间的方法，计算时差的方法，以实现不同的倒时计效果。

【相关知识】

JavaScript Date 对象

Date 对象用于处理日期和时间。Date 对象封装一个时间点，提供操作时间的 API。Java 起源于 UNIX 系统，而 UNIX 认为 1970 年 1 月 1 日 0 点是时间纪元。Date 对象中封装的是从 1970 年 1 月 1 日 0 点至今的毫秒数。

1. 创建 Date 对象的方法

1）创建 Date 对象同时获得当前系统时间。

语句：var now = new Date();。

2）创建日期对象，同时自定义时间。形式为：Date ("yyyy/MM/dd[hh:mm:ss]")。

语句：var date = new Date ("2018/10/18 01:11:22");。

3）创建日期对象，同时自定义时间。

语句：var date = new Date(yyyy, MM, dd, hh, mm, ss);。

注意：月份 MM 从 0 开始计算，范围是 0 ～ 11，因此使用时 MM 需要加 1。

4）复制一个对象，进行赋值。

var oldDate = new Date ("2018/10/18")。

var newDate = new Date(oldDate.getTime());// 参数可以是一个日期，也可以是一个毫秒数。

2．日期 API

日期分量有：FullYear、Month、Date、Day、Hours、Minutes、Seconds、Milliseconds，具体见表 2-2。

1）每个分量都有一对 get 和 set 方法。

get×××() 用于获取指定分量的值；set×××() 用于设置指定分量的值，可自动调整时间进制。Day 分量没有 set 方法，因为星期是根据日期算出来的。

2）分量命名规律。

年、月、日、星期后不加 s，直接是英文；时、分、秒、毫秒后加 s。

3）取值范围。

只有月中的日（date）分量范围是 1～31，其余分量都是从 0 开始，到进制最大量 −1 结束。

表 2-2

getXXX()	setXXX()	意　义	范　围	备　注
date.getFullYear()	date.setFullYear()	年		
date.getMonth()	date.setMonth()	月	0～11	使用时 get 方法获得的值需要 +1
date.getDate()	date.setDate()	日	1～31	
date.getDay()	无	星期	0～6	
date.getHours()	date.setHours()	时	0～23	
date.getMinutes()	date.setMinutes()	分	0～59	
date.getSeconds()	date.setSeconds()	秒	0～59	
date.getMilliseconds()	date.setMilliseconds()	毫秒		

3．日期计算

1）求时间差。

日期 − 日期 = 毫秒差。

日期 − 毫秒数 = 毫秒数。

由于每个月的天数不一样，故此方法一般用于一个月之内的时间差计算。

2）对日期的任意分量做计算。

①取分量：使用对应的 get 方法。

②计算。

③设置分量：使用对应的 set 方法。

简写：date.setXXX(date.getXXX()+n);。

set 方法是直接修改原日期。

【任务实施】

步骤一

在站点中新建一个 HTML 文件，命名为"DaoJiShi1.html"（倒计时 1）。

步骤二

在"代码"处编辑"简单时长倒计时"的代码。代码如下：

```
<html>
<head>
<meta http-equiv="Content-Type" content="text/html; charset=utf-8" /> <title>JavaScript 简单时长倒计时
</title>
<script type="text/javascript">
          var maxtime = 60 * 60;              // 一个小时，按秒计算。
          function CountDown() {
               if (maxtime >= 0) {
                    minutes = Math.floor(maxtime / 60);
                    seconds = Math.floor(maxtime % 60);
                    msg = " 距离结束还有 " + minutes + " 分 " + seconds + " 秒 ";
                    document.all["timer"].innerHTML = msg;
                    if (maxtime == 5 * 60)alert(" 还剩 5 分钟 ");
                         --maxtime;
               } else{
                    clearInterval(timer);
                    alert(" 时间到，结束 !");
               }
          }
          timer = setInterval("CountDown()", 1000);
</script>
</head>
<body>
<div id="timer" style="color:#000000"></div>
<div id="warring" style="color:#FF0000"></div>
</body>
</html>
```

完整代码如图 2-121 所示。

```
<!DOCTYPE html PUBLIC "-//W3C//DTD XHTML 1.0 Transitional//EN" "http://www.w3.org/TR/xhtml1/DTD/xhtml1-transitional.dtd">
<html xmlns="http://www.w3.org/1999/xhtml">
<head>
<meta http-equiv="Content-Type" content="text/html; charset=utf-8" />
<title> JavaScript简单时长倒计时1</title>
<script type="text/javascript">        //引入JavaScript代码
var maxtime = 60 * 60; //一个小时，按秒计算，自己调整！
          function CountDown() {
               if (maxtime >= 0) {
                    minutes = Math.floor(maxtime / 60);
                    seconds = Math.floor(maxtime % 60);
                    msg = "距离结束还有" + minutes + "分" + seconds + "秒";
                    document.all["timer"].innerHTML = msg;
                    if (maxtime == 5 * 60)alert("还剩5分钟");
                         --maxtime;
               } else{
                    clearInterval(timer);
                    alert("时间到，结束!");
               }
          }
          timer = setInterval("CountDown()", 1000)
</script>
</head>
<body>
<div id="timer" style="color:#000000"></div>
<div id="warring" style="color:#FF0000"></div>
</body>
</html>
```

图　2-121

步骤三

代码运行后结果如图 2-122 所示。

距离结束还有59分59秒

图 2-122

步骤四

在站点中新建一个 HTML 文件，命名为"DaoJiShi2.html"（倒计时 2）。

步骤五

在"代码"处编辑"简单时分秒倒计时"的代码。代码如下：

```html
<html>
<head>
    <meta http-equiv="Content-Type"content="text/html; charset=utf-8" />
    <title>JavaScript 简单时分秒倒计时 </title>
    <script type="text/javascript">
        function countTime() {
            var date = new Date();                    // 获取当前时间
            var now = date.getTime();
            var str="2018/11/11 00:00:00";            // 设置截止时间
            var endDate = new Date(str);
            var end = endDate.getTime();
            var leftTime = end-now;                   // 时间差
            var d,h,m,s;                              // 定义变量 d.h.m.s 保存倒计时的时间
            if (leftTime>=0) {
                d = Math.floor(leftTime/1000/60/60/24);
                h = Math.floor(leftTime/1000/60/60%24);
                m = Math.floor(leftTime/1000/60%60);
                s = Math.floor(leftTime/1000%60);
            }
            // 将倒计时赋值到 div 中
            document.getElementById("_d").innerHTML = d+" 天 ";
            document.getElementById("_h").innerHTML = h+" 时 ";
            document.getElementById("_m").innerHTML = m+" 分 ";
            document.getElementById("_s").innerHTML = s+" 秒 ";
            // 递归每秒调用一次 countTime 方法，显示动态时间效果
            setTimeout(countTime,1000);
        }
    </script>
</head >
<body onload=" countTime()" >
    <div> 距离双十一还有：
        <span id="_d">00</span>
        <span id="_h">00</span>
        <span id="_m">00</span>
        <span id="_s">00</span>
    </div>
  </body>
</html>
```

完整代码如图 2-123 和图 2-124 所示。

```
<head>
<meta http-equiv="Content-Type" content="text/html; charset=utf-8" />
<title> JavaScript简单时分秒倒计时2</title>
<script type="text/javascript">        //引入JavaScript代码
function countTime() {
            //获取当前时间
            var date = new Date();
            var now = date.getTime();
            //设置截止时间
            var str="2018/11/11 00:00:00";
            var endDate = new Date(str);
            var end = endDate.getTime();
            //时间差
            var leftTime = end-now;
            //定义变量 d,h,m,s保存倒计时的时间
            var d,h,m,s;
            if (leftTime>=0) {
                d = Math.floor(leftTime/1000/60/60/24);
                h = Math.floor(leftTime/1000/60/60%24);
                m = Math.floor(leftTime/1000/60%60);
                s = Math.floor(leftTime/1000%60);
            }
            //将倒计时赋值到div中
            document.getElementById("_d").innerHTML = d+"天";
            document.getElementById("_h").innerHTML = h+"时";
            document.getElementById("_m").innerHTML = m+"分";
            document.getElementById("_s").innerHTML = s+"秒";
            //递归每秒调用countTime方法，显示动态时间效果
            setTimeout(countTime,1000);

        }
</script>
```

图　2-123

```
</head>
<body onload="countTime()" >
    <div>
        距离双十一还有：
        <span id="_d">00</span>
        <span id="_h">00</span>
        <span id="_m">00</span>
        <span id="_s">00</span>
    </div>

</body>
```

图　2-124

步骤六

代码运行结果如图 2-125 所示。

步骤七

在站点中新建一个 HTML 文件，命名为"DaoJiShi3. html"（倒计时 3）。

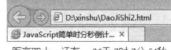

图　2-125

步骤八

在"代码"处编辑"JavaScript 团购 _ 限时抢"的代码。代码如下：

```
<html>
<head>
<meta http-equiv="Content-Type"content="text/html; charset=utf-8" />
<title>JavaScript 团购 __ 限时抢 </title>
</head>
```

```
<body>
    <div class="time"> <span id="LeftTime"></span></div>
    </div>
    <script>
    function FreshTime()
    {
    var endtime=new Date("2018/11/11,00:00:00");        // 结束时间
    var nowtime = new Date();                           // 当前时间
    var lefttime=parseInt((endtime.getTime()−nowtime.getTime())/1000);
    d=parseInt(lefttime/3600/24);
    h=parseInt((lefttime/3600)%24);
    m=parseInt((lefttime/60)%60);
    s=parseInt(lefttime%60);
     document.getElementById("LeftTime").innerHTML=" 距离团购结束还剩 " + d+" 天 "+h+" 小时 "+m+"
分 "+s+" 秒 ";
    if(lefttime<=0){
       document.getElementById("LeftTime").innerHTML=" 团购已结束 ";
       clearInterval(sh);
    } }
    FreshTime();
    var sh;
    sh=setInterval(FreshTime,1000);
    </script>
</body>
</html>
```

完整代码如图 2-126 所示。

```
<!DOCTYPE html PUBLIC "-//W3C//DTD XHTML 1.0 Transitional//EN" "http://www.w3.org/TR/xhtml1/DTD/xhtml1-transitional.dtd">
<html xmlns="http://www.w3.org/1999/xhtml">
<head>
<meta http-equiv="Content-Type" content="text/html; charset=utf-8" />
<title> JavaScript团购—限时抢</title>
<script type="text/javascript">        //引入JavaScript代码
</script>
</head>
<body>
    <div class="time"> <span id="LeftTime"></span></div>
    </div>
    <script>
    function FreshTime()
    {
    var endtime=new Date("2018/11/11,12:20:12");//结束时间
    var nowtime = new Date();//当前时间
    var lefttime=parseInt((endtime.getTime()-nowtime.getTime())/1000);
    d=parseInt(lefttime/3600/24);
    h=parseInt((lefttime/3600)%24);
    m=parseInt((lefttime/60)%60);
    s=parseInt(lefttime%60);
    document.getElementById("LeftTime").innerHTML="距离团购结束还剩" + d+"天"+h+"小时"+m+"分"+s+"秒";
    if(lefttime<=0){
       document.getElementById("LeftTime").innerHTML="团购已结束";
       clearInterval(sh);
    }
    }
    FreshTime();
    var sh;
    sh=setInterval(FreshTime,1000);
    </script>
</body>
```

图   2-126

步骤九

代码运行结果如图 2-127 所示。

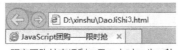

D:\xinshu\DaoJiShi3.html
JavaScript团购——限时抢
距离团购结束还剩26天19小时20分27秒

图 2-127

【任务评价】

教师评语：

____

____

结合本任务的学习，对照下列学习评价指标在指定的位置依照非常满意、比较满意、满意、不满意、非常不满意（对应分值分别为 5、4、3、2、1）对自己的学习结果进行反思、评价。

序　号	评 价 指 标	自 我 评 价
1	熟悉 JavaScript 的 Date 对象	
2	掌握简单时长倒计时的方法	
3	掌握简单时分秒倒计时的方法	
4	掌握团购限时抢倒计时的方法	

学习任务

➤ 安装 phpStudy 搭建 PHP 运行环境。
➤ 编写 PHP 程序对数字进行四则运算。
➤ 使用 if 条件语句比较两个数的大小。
➤ 循环语句应用。

学习目标

➤ 熟悉 phpStudy 软件，部署 PHP 运行环境，能够编写一个简单的 PHP 页面。
➤ 熟悉 "." "<br>" 以及算术运算符，利用 PHP 脚本编写一个能实现基本数学运算的程序，计算两个数字的加、减、乘、除，并把运算的结果输出显示出来。
➤ 熟悉使用 PHP 比较两个数字大小的方法，掌握 PHP 基础知识，包括数据类型、变量与常量、if 条件语句等知识。
➤ 学会 for、while、do while 循环语句，熟悉循环语句的嵌套应用。

任务 1 安装 phpStudy 搭建 PHP 运行环境

【学习目标】

1）了解 PHP 运行环境。
2）熟悉 phpStudy 软件。
3）部署 PHP 运行环境。
4）编写一个最简单的 PHP 页面。

【任务分析】

执行 PHP 程序，一般需要有操作系统（Windows、Linux 等）、服务器软件（Apache、IIS 等）、PHP 安装程序（php5.3、php5.6 等）、数据库软件（MySQL、SQL Server、Oracle 等）、浏览器（IE、360、谷歌等）。对于初学者来说，安装部署 Apache、PHP、MySQL 比较复杂，phpStudy 对于 PHP 初学者来说是福音。phpStudy 集成了 PHP 程序运行的开发环境，将 Apache、PHP 和 MySQL 等服务器软件整合在一起,省去了单独安装配置 Apache、PHP、MySQL 服务器带来的麻烦,以实现快速、简单地搭建好 PHP 开发环境。

【相关知识】

1)除了安装 phpStudy 可以快速搭建 PHP 运行、开发环境,也可以下载 WAMP (Windows+Apache+MySQL+PHP)以快速部署、配置 PHP 服务器环境。

2)PHP 开发环境有关参数设置,可单击"其他选项菜单"按钮进行设置,比如,修改 Apache 服务器端口号,把默认 80 端口修改为 8080。

① 选择"phpStudy 设置"→"端口常规设置"命令,如图 3-1 所示。

图 3-1

② 输入 Apache 的 httpd 端口为 8080,单击"应用"按钮,保存修改,如图 3-2 所示。

图 3-2

③ 查看PHP目录中的"phpinfo.php"页面，可以看到服务端口号发生了改变，如图3-3所示。

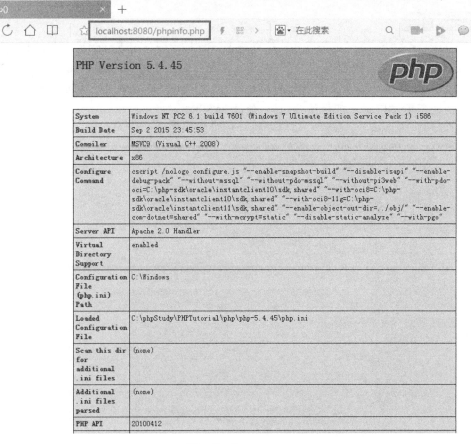

图 3-3

【任务实施】

步骤一

在phpStudy官方网站上下载安装程序包，如图3-4所示。

图 3-4

步骤二

双击安装 phpStudy，选择安装路径如图 3-5 所示。

图　3-5

步骤三

按照安装向导提示，进一步完成 phpStudy 的安装。安装完成后在桌面上出现 phpStudy 快捷方式图标，双击 phpStudy 图标后将出现 phpStudy 管理界面，通过此窗口可以查看 PHP 站点服务（Apache）、MySQL 是否正常启动，如图 3-6 所示。

图　3-6

步骤四

单击"其他选项菜单"按钮，选择"查看 phpinfo"命令，如图 3-7 所示。

步骤五

如果 phpStudy 安装、配置没问题，则可以打开 php 站点目录下的 php 指针文件"phpinfo.php"，以便用户查看 PHP 有关信息，可以看到 Apache 环境配置信息，站点根目录（DOCUMENT_ROOT）在"C:/phpStudy/PHPTutorial/WWW"，站点服务端口是 80 等，如图 3-8 所示。

图　3-7

localhost/phpinfo.php

engine	1	1
last_modified	0	0
xbithack	0	0

Apache Environment

Variable	Value
HTTP_HOST	localhost
HTTP_CONNECTION	keep-alive
HTTP_UPGRADE_INSECURE_REQUESTS	1
HTTP_USER_AGENT	Mozilla/5.0 (Windows NT 6.1; WOW64) AppleWebKit/537.36 (KHTML, like Gecko) Chrome/53.0.2785.104 Safari/537.36 Core/1.53.4620.400 QQBrowser/9.7.13014.400
HTTP_ACCEPT	text/html, application/xhtml+xml, application/xml;q=0.9, image/webp,*/*;q=0.8
HTTP_ACCEPT_ENCODING	gzip, deflate, sdch
HTTP_ACCEPT_LANGUAGE	zh-CN, zh;q=0.8
PATH	C:\Windows\system32;C:\Windows;C:\Windows\System32\Wbem;C:\Windows\System32\WindowsPowerShell\v1.0\;C:\Program Files (x86)\Microsoft SQL Server\90\Tools\binn\;C:\Python27;C:\Program Files (x86)\Common Files\Ulead Systems\MPEG;C:\Program Files (x86)\QuickTime\QTSystem\;c:\Program Files (x86)\Git\cmd
SystemRoot	C:\Windows
COMSPEC	C:\Windows\system32\cmd.exe
PATHEXT	.COM;.EXE;.BAT;.CMD;.VBS;.VBE;.JS;.JSE;.WSF;.WSH;.MSC
WINDIR	C:\Windows
SERVER_SIGNATURE	no value
SERVER_SOFTWARE	Apache/2.4.23 (Win32) OpenSSL/1.0.2j PHP/5.4.45
SERVER_NAME	localhost
SERVER_ADDR	::1
SERVER_PORT	80
REMOTE_ADDR	::1
DOCUMENT_ROOT	C:/phpStudy/PHPTutorial/WWW
REQUEST_SCHEME	http
CONTEXT_PREFIX	no value
CONTEXT_DOCUMENT_ROOT	C:/phpStudy/PHPTutorial/WWW
SERVER_ADMIN	admin@php.cn
SCRIPT_FILENAME	C:/phpStudy/PHPTutorial/WWW/phpinfo.php
REMOTE_PORT	54134
GATEWAY_INTERFACE	CGI/1.1
SERVER_PROTOCOL	HTTP/1.1
REQUEST_METHOD	GET
QUERY_STRING	no value
REQUEST_URI	/phpinfo.php

图　3-8

步骤六

打开 Dreamweaver，选择"文件"→"新建"命令，在"新建文档"对话框中，选择"页面类型"→"PHP"命令，新建一个 PHP 页面，如图 3-9 所示。

图　3-9

温馨提示

在 <title></title> 中设置网页的标题标记，可以根据实际需要进行修改；<body></body>为网页的页面内容标记，在 <body> 标记中编写 PHP 代码。

步骤七

输入 PHP 脚本代码，实现输出字符串"Hello World"，如图 3-10 所示。

图　3-10

温馨提示

"<?php"和"?>"是 PHP 的标记对，在这个标记对里面的所有代码都被作为 PHP 代码来执行处理。echo 是 PHP 的输出语句，输出字符串或者变量，"Hello World"是字符串，PHP 语句每行代码都是以";"结尾。

步骤八

将PHP页面保存到PHP站点的根目录下"C:/phpStudy/PHPTutorial/WWW",命名为"01.php",如图3-11所示。

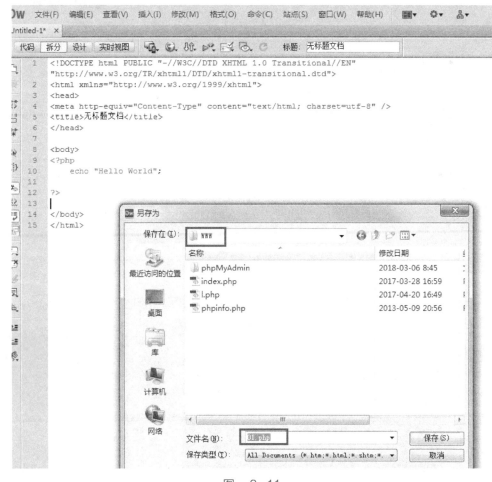

图 3-11

步骤九

参照步骤四的方法,访问"01.php"页面,效果如图3-12所示。

图 3-12

温馨提示

访问页面可以参照步骤四实现,也可以打开浏览器直接输入"http://localhost/01.php",或者在浏览器地址栏中输入"http:// 本地 IP/01.php"(如 http://192.168.1.100/01.php)。

【任务拓展】

1）打开 phpStudy，设置 PHP 站点的根目录为 "D:\phpWeb"，服务端口为 8086，PHP 运行版本是 5.3，重启 phpStudy，将上面任务中制作的 "01.php" 复制到 "D:\phpWeb" 目录下，打开 "01.php" 页面，查看运行效果，如图 3-13 所示。

图　3-13

2）打开 Dreamweaver，新建一个 PHP 页面，实现输出当前系统时间的功能，保存为 "time.php"，如图 3-14 所示。运行效果如图 3-15 所示。

图　3-14　　　　　　　　　　　　　　　　　图　3-15

3）写一个简单的 PHP 页面输出个人信息，包括学号、姓名、性别、微信号等信息。然后保存在 PHP 运行目录下命名为 3.php，接着打开 phpStudy 运行 "3.php"，效果如图 3-16 所示，截图保存为 "3.jpg"。

图　3-16

4）打印输出一个直角三角形造型，然后保存在 PHP 运行目录下命名为 "4.php"，接着打开 phpStudy 运行"4.php"，效果如图 3-17 所示，截图保存为"4.jpg"。

图　3-17

print 也是打印输出，在这里的作用与 echo 相同。print 与 echo 异同点如下：

共同点：① echo 和 print 都不是严格意义上的函数，它们都是语言结构，起输出作用；②它们都只能输出字符串、整型、浮点型数据，都不能打印复合型和资源型数据。

不同点：echo 可以一次输出多个值，多个值之间用逗号分隔，echo 是语言结构，而不是真正的函数，因此不能作为表达式的一部分使用。函数 print() 只能一次输出一个变量，打印一个值（它的参数），如果字符串成功显示则返回 True，否则返回 False。

5）打印输出一个等边三角形，请注意在 HTML 页面中   为空格标记，
 是换行标记；将编写的程序保存在 PHP 运行目录下命名为"5.php"，接着打开 phpStudy 运行"5.php"，效果如图 3-18 所示，截图保存为"5.jpg"。

图　3-18

6）编写一个程序打印输出如图 3-19 所示的造型，请注意在 HTML 页面中   为空格标记，
 是换行标记；将编写的程序保存在 PHP 运行目录下命名为"6.php"，接着打开 phpStudy 运行"6.php"，截图保存为"6.jpg"。

图　3-19

7）编写一个程序打印输出如图 3-20 所示的造型，将编写的程序保存在 PHP 运行目录下命名为"7.php"，接着打开 phpStudy 运行"7.php"，截图保存为"7.jpg"。

8）编写一个程序打印输出如图 3-21 所示的造型，将编写的程序保存在 PHP 运行目录下命名为"8.php"，接着打开 phpStudy 运行"8.php"，截图保存为"8.jpg"。

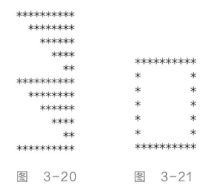

图　3-20　　　　图　3-21

【任务评价】

教师评语：

结合本任务的学习,对照下列学习评价指标在指定的位置依照非常满意、比较满意、满意、不满意、非常不满意（对应分值分别为 5、4、3、2、1）对自己的学习结果进行反思、评价。

序　号	评价指标	自我评价
1	了解了主流编程语言 PHP、C++、C#、JAVA、Python	
2	了解 PHP 的优势、特点	
3	掌握 PHP 环境部署方法	
4	能够熟练地使用 phpStudy 部署开发环境	
5	熟悉 PHP 脚本的特点，并能熟练应用	

任务 2 编写 PHP 程序对数字进行四则运算

【学习目标】

1）字符串连接使用符号 "."。

2）换行可以用
。

3）PHP 算术运算符。

4）赋值运算符 =。

【任务分析】

通过 PHP 脚本编写一个能实现基本数学运算的程序，计算两个数字的加、减、乘、除，并把运算的结果输出显示出来。

【相关知识】

1）算术运算符是指处理数学四则运算的符号，常见的符号有 +（加法）、-（减法）、*（乘法）、/（除法）、%（求余）。

2）赋值运算符 "="。使用此符号主要处理赋值操作，比如，"$a=100;" 表示将数字 100 赋值给变量 $a。

3）字符串运算符 "."。使用此符号主要将两个或者多个字符串连接起来，拼合成一个新的字符串。

【任务实施】

步骤一

打开 Dreamweaver，选择 "文件" → "新建" 命令，在 "新建文档" 对话框中，选择 "页面类型" → "PHP" 命令，新建一个 PHP 页面，如图 3-22 所示。

图 3-22

步骤二

输入 PHP 脚本代码，实现计算两个数字 a、b 的四则运算结果，如图 3-23 所示。

```
1   <!DOCTYPE html PUBLIC "-//W3C//DTD XHTML 1.0 Transitional//EN"
    "http://www.w3.org/TR/xhtml1/DTD/xhtml1-transitional.dtd">
2   <html xmlns="http://www.w3.org/1999/xhtml">
3   <head>
4   <meta http-equiv="Content-Type" content="text/html; charset=utf-8" />
5   <title>无标题文档</title>
6   </head>
7
8   <body>
9   <?php
10      $a=10;
11      $b=20;
12      echo "a+b=".($a+$b)."<br>";
13      echo "a+b=".($a-$b)."<br>";
14      echo "a+b=".($a*$b)."<br>";
15      echo "a+b=".($a/$b)."<br>";
16
17  ?>
18
19  </body>
20  </html>
```

图　3-23

步骤三

将 PHP 页面另存到 PHP 站点的根目录下并命名为"yunsuan.php"，查看程序运行效果，如图 3-24 所示。

a+b=30
a+b=-10
a+b=200
a+b=0.5

图　3-24

【任务拓展】

1）字符串相加使用符号"."。编写程序将 a、b 两个字符串连接起来输出，将程序保存命名为"01.php"，调试运行成功后截图保存为"01.jpg"。程序如图 3-25 所示。

图　3-25

99

2）根据下面的程序代码，分析写出程序运行输出结果。程序代码如图 3-26 所示。

```
<!DOCTYPE html PUBLIC "-//W3C//DTD XHTML 1.0 Transitional//EN"
"http://www.w3.org/TR/xhtml1/DTD/xhtml1-transitional.dtd">
<html xmlns="http://www.w3.org/1999/xhtml">
<head>
<meta http-equiv="Content-Type" content="text/html; charset=utf-8" />
<title>无标题文档</title>
</head>

<body>
<?php
echo "2 * 5 - 3=".(2 * 5 - 3);
echo "<br>";//输出换行
echo "2*(1+3)=".(2*(1+3));

$a=1;
echo "<br>";
echo "a=".$a;

$a+=2;
echo "<br>";
echo "a=".$a;

$a*=3;
echo "<br>";
echo "a=".$a;
?>

</body>
</html>
```

图　3-26

3）编写 PHP 程序产生两个随机数字，计算这两个数加、减、乘、除的结果，如图 3-27 所示。

图　3-27

4）如图 3-28 所示的代码是计算一个长方形周长、面积的部分代码，请将代码补充完整，能够正确计算长方形的周长、面积，并输出。

5）如图 3-29 所示的代码，是计算一个圆形周长、面积的部分代码，请将代码补充完整，能够正确计算圆形的周长、面积，并输出。

图　3-28

```php
<!DOCTYPE html PUBLIC "-//W3C//DTD XHTM
"http://www.w3.org/TR/xhtml1/DTD/xhtml1
<html xmlns="http://www.w3.org/1999/xht
<head>
<meta http-equiv="Content-Type" content
<title>无标题文档</title>
</head>

<body>
<?php
    $r=2;//圆的半径
    $pai = pi();

    //在下面写代码计算周长$C、面积$S

    echo "圆的周长为".$C."<br />";
    echo "圆的面积为".$S;
?>

</body>
</html>
```

图　3-29

【任务评价】

教师评语：

_____

结合本任务的学习，对照下列学习评价指标在指定的位置依照非常满意、比较满意、满意、不满意、非常不满意（对应分值分别为 5、4、3、2、1）对自己的学习结果进行反思、评价。

序　号	评 价 指 标	自 我 评 价
1	了解字符串连接符号"."	
2	掌握算术运算符 +、-、*、/	
3	掌握赋值运算符 =	
4	需要换行可以使用 echo " "	

任务3 使用 if 条件语句比较两个数的大小

【学习目标】

1）掌握 PHP 注释方法。

2）掌握 PHP 常见的数据类型。

3）掌握 PHP 数据的输出语句 echo、print。

4）掌握变量、常量的定义。

5）掌握 if 条件判断语句。

6）掌握 if…else 语句。

7）掌握比较运算符的使用方法。

【任务分析】

本任务通过学习使用 PHP 比较两个数字大小的方法，学习 PHP 基础知识，包括数据类型、变量与常量、if 条件语句等。

【相关知识】

1）PHP 注释。程序代码中的注释主要起帮助理解程序代码、对代码做解释说明的作用，通常在程序代码上方或者尾端加上注释，方便阅读程序。PHP 注释主要有两种方式。

① 单行注释 //。

```php
<?php
    print "hello";// 使用 print 输出字符串 hello
?>
```

② 多行注释 /*…*/。

```php
<?php
    Echo " 欢迎使用 PHP.";
  /*
    Echo 是输出语句
  这是注释内容
  */
?>
```

2）PHP 数据类型。在计算机中每个数据对象都有其类型，具有相同类型的数据才能进行运算操作。PHP 是弱类型语言，但在使用的时候也需注意数据类型。PHP 常见的数据类型有 boolean（布尔型）、string（字符串型）、integer（整型）、float（浮点型）等。

```php
<?php
    $b=true;// 定义了一个 Boolean 布尔型变量 b
    $s="希望你能攀登 PHP 高峰";// 定义了一个 string 字符串变量 s
    $i=100;// 定义了一个 integer 整型变量 i
    $f=3.14;// 定义了一个 float 浮点型变量 f
?>
```

3）变量。在程序执行过程中可以改变的量称为变量，使用一个名称表示变量。在程序中定义变量后，程序将在内存中提供一个有名字的存储区供编程人员进行读、写操作。在 PHP 中变量名称由 $ 符号与标识符组成，比如 $num 表示变量 num。

4）if 条件判断语句。

① if 单分支语句格式，如图 3-30 所示。

② if…else 双分支语句格式，如图 3-31 所示。

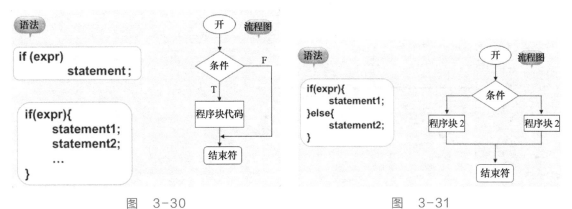

图　3-30　　　　　　　　　　　　　　　　　　　　图　3-31

5）比较运算符。对变量或者表达式进行比较，如果比较结果为真则返回 True，否则返回 False 或空。常见的比较运算符有 <（小于）、>（大于）、<=（小于等于）、>=（大于等于）、==（等于）、!=（不等）。比较运算的结果可以使用 var_dump() 打印输出，比如 var_dump（3>1）。var_dump 函数显示关于一个或多个表达式的结构信息，包括表达式的类型与值；echo、print 只是输出值而已。

【任务实施】

步骤一

打开 Dreamweaver，选择"文件"→"新建"命令，在"新建文档"对话框中，选择"页面类型"→"PHP"命令，新建一个 PHP 页面，如图 3-32 所示。

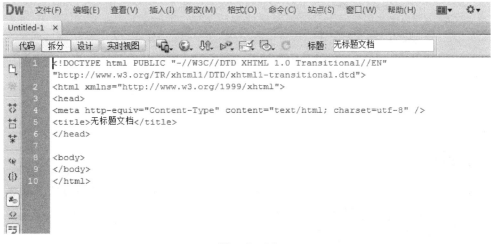

图　3-32

步骤二

输入 PHP 脚本代码，实现比较两个变量 $a 与 $b 的大小，如图 3-33 所示。

图　3-33

温馨提示

本任务采用了 if…else 双分支语句格式，以实现比较两个数字的大小。

步骤三

将 PHP 页面另存到 PHP 站点的根目录下命名为"if.php"，查看程序运行效果，如图 3-34 所示。

图　3-34

【任务拓展】

1）使用 if 条件判断语句，编写一个 PHP 程序，实现输入一个同学的成绩，如果 >=60 分则输出及格，否则输出不及格。将程序保存命名为"01.php"，调试运行成功后截图保存为"01.jpg"。程序如图 3-35 所示。

2）使用 if 条件判断语句实现求一个数的绝对值，将程序保存命名为"03.php"，调试运行成功后截图保存为"03.jpg"。程序如图 3-36 所示。

图 3-35   图 3-36

3）编写一个程序，实现用数值表示性别男、女，当输入的数值为 1 时输出男，输入的值为 0 时输出女，使用 if 条件判断语句来实现。将程序保存命名为"03.php"，调试运行成功后截图保存为"03.jpg"。程序如图 3-37 所示。

4）使用 if 条件语句嵌套编写一个程序，实现输入一个同学的成绩，如果输入成绩 >=90 则输出等级为优秀；如果输入成绩 >=80 且 <90 则输出良好；如果输入成绩 >=60 且 <80 则输出及格；否则输出不及格，将程序保存命名为"04.php"，调试运行成功后截图保存为"04.jpg"。程序如图 3-38 所示。

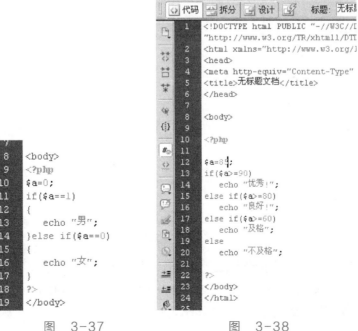

图 3-37   图 3-38

5）编写 PHP 程序实现产生两个随机数字，然后输出这两个随机数，接着比较这两个数字的大小，并输出比较结果，如图 3-39 所示。

图 3-39

6）编写一个 PHP 程序进行比较运算，并将运算结果显示出来，将程序保存命名为"06.php"，调试运行成功后截图保存为"06.jpg"。程序如图 3-40 所示。

```
            代码   拆分   设计   实时视图
    ◄ 1 / 2 ►  ① 无法搜索到动态相关文件，因为此文档没有站点定义。设置

    1   <!DOCTYPE html PUBLIC "-//W3C//DTD XHTML
    2   "http://www.w3.org/TR/xhtml1/DTD/xhtml1-t
        <html xmlns="http://www.w3.org/1999/xhtml
    3   <head>
    4   <meta http-equiv="Content-Type" content="
    5   <title>无标题文档</title>
    6   </head>
    7
    8   <body>
    9   <?php
    10  echo "(1==2)=".(1==2);
    11  echo "<br>";//输出换行
    12  echo "(3!=2)=".(3!=2);
    13  echo "<br>";//输出换行
    14  echo "(5<3)=".(5<3);
    15
    16  ?>
    17
    18
    19  </body>
    20  </html>
```

(1==2)=
(3!=2)=1
(5<3)=

图 3-40

7）编写一个程序，实现用数值表示性别男、女，当输入的数值为 1 时输出男，输入的数值为 0 时输出女，使用 switch 条件分支语句来实现。将程序保存命名为"07.php"，调试运行成功后截图保存为"07.jpg"。程序如图 3-41 所示。

```
7
8    <body>
9    <?php
10   $a=1;
11   switch($a)
12   {
13       case 1:
14       echo "男";
15       break;
16
17       case 0:
18       echo "女";
19       break;
20       |
21   }
22   ?>
23   </body>
```

localhost/php/01.php

访问最多 火狐官方站点 新手上路

男

图 3-41

温馨提示

　　switch 语句也是一种分支控制语句，switch 语句在执行时，根据 $a 的值能匹配哪个 case 的值就会执行对应 case 后面的程序段，直到 switch 结束，为了避免执行没必要的代码，一般在每个 case 分支程序段后面添加 break 以跳出当前循环，若感兴趣可以上网查找 PHP 手册进一步学习。

　　8）编写一个程序，实现用数值表示春、夏、秋、冬，当输入的数值为 1 时输出春季，输入的数值为 2 时输出夏季，输入的数值为 3 时输出秋季，输入的数值为 4 时输出冬季，使用 switch 条件分支语句来实现。将程序保存命名为"08.php"，调试运行成功后截图保存为"08.jpg"。程序如图 3-42 所示。

```
7
8    <body>
9    <?php
10   $a=2;
11   switch($a)
12   {
13       case 1:
14       echo "春季";
15       break;
16
17       case 2:
18       echo "夏季";
19       break;
20
21       case 3:
22       echo "秋季";
23       break;
24
25       case 4:
26       echo "冬季";
27       break;
28   }
29
30   ?>
31   </body>
32   </html>
33
```

http://www.duba.com/?f=dbsj × 无标题文档

localhost/php/01.php

访问最多 火狐官方站点 新手上路 常用网址

夏季

图 3-42

【任务评价】

教师评语：

_____

_____

结合本任务的学习，对照下列学习评价指标在指定的位置依照非常满意、比较满意、满意、不满意、非常不满意（对应分值分别为5、4、3、2、1）对自己的学习结果进行反思、评价。

序　号	评价指标	自我评价
1	了解 PHP 常见数据类型	
2	会在编程过程适当使用注释	
3	定义变量	
4	会使用 if 单分支语句	
5	会使用 if…else 多分支语句	

 任务4　循环语句应用

【学习目标】

1）学会 for、while、do while 循环语句的使用方法。
2）熟悉循环语句的嵌套应用。

【任务分析】

通过 for 循环语句可以实现循环。本任务使用 for 语句输出九九乘法表，如图3-43所示。

```
1*1=1
1*2=2 2*2=4
1*3=3 2*3=6 3*3=9
1*4=4 2*4=8 3*4=12 4*4=16
1*5=5 2*5=10 3*5=15 4*5=20 5*5=25
1*6=6 2*6=12 3*6=18 4*6=24 5*6=30 6*6=36
1*7=7 2*7=14 3*7=21 4*7=28 5*7=35 6*7=42 7*7=49
1*8=8 2*8=16 3*8=24 4*8=32 5*8=40 6*8=48 7*8=56 8*8=64
1*9=9 2*9=18 3*9=27 4*9=36 5*9=45 6*9=54 7*9=63 8*9=72 9*9=81
```

图　3-43

【相关知识】

1）已经提前确定脚本运行的次数，可以使用 for 循环。
2）实例，for 语句功能显示从0到10的数字可以这样应用：

```php
<?php
for ($x=0; $x<=10; $x++) {
  echo "数字是：$x <br>";
}
?>
```

运行结果，如图3-44所示。

```
数字是：0
数字是：1
数字是：2
数字是：3
数字是：4
数字是：5
数字是：6
数字是：7
数字是：8
数字是：9
数字是：10
```

图　3-44

实例解读:

$x=0 指定循环开始时变量 x 的值为 0; $x<=10 提前确定了循环次数为 11 次, 0 ~ 10, 每次循环 x 增加 1。

【任务实施】

步骤一

打开 Dreamweaver, 新建一个 PHP 页面, 保存文件 (例如, 可命名为 "index44.php"), 输入 for 语句循环输出 1 ~ 9, 如图 3-45 所示。

图 3-45

步骤二

启动 phpStudy, 在浏览器输入 "http://localhost/index44.php", 可看到输出结果为 "123456789", 如图 3-46 所示。

图 3-46

步骤三

在 Dreamweaver 中编辑"index44.php"的代码，再添加 for 语句，实现输出九九乘法表，如图 3-47 所示。

```
8    <body>
9    <?php
10   for ($i=1; $i<=9; $i++) {
11       for ($j=1; $j<=$i; $j++) {
12           echo "$j";
13           echo "*";
14           echo "$i";
15           echo "=";
16           $sum=$i*$j;
17           echo "$sum";
18           echo " ";
19       }
20       echo "<br>";
21   }
22   ?>
```

图 3-47

步骤四

在浏览器输入"http://localhost/index44.php"，看到九九乘法表的输出结果，如图 3-48 所示。

⟨ ⟩ ↻ ⌂ ☆ 🛡 http://localhost/index44.php

```
1*1=1
1*2=2 2*2=4
1*3=3 2*3=6 3*3=9
1*4=4 2*4=8 3*4=12 4*4=16
1*5=5 2*5=10 3*5=15 4*5=20 5*5=25
1*6=6 2*6=12 3*6=18 4*6=24 5*6=30 6*6=36
1*7=7 2*7=14 3*7=21 4*7=28 5*7=35 6*7=42 7*7=49
1*8=8 2*8=16 3*8=24 4*8=32 5*8=40 6*8=48 7*8=56 8*8=64
1*9=9 2*9=18 3*9=27 4*9=36 5*9=45 6*9=54 7*9=63 8*9=72 9*9=81
```

图 3-48

【任务拓展】

1）使用 for 循环语句输出 10 个随机数，效果如图 3-49 所示。

```
1   <!DOCTYPE html PUBLIC "-//W3C//DTD          92
    "http://www.w3.org/TR/xhtml1/DTD/x           93
2   <html xmlns="http://www.w3.org/199           31
3   <head>                                       50
4   <meta http-equiv="Content-Type" co           12
5   <title>无标题文档</title>                       61
6   </head>                                       31
7                                                 42
8   <body>                                        19
9   <?php                                         59
10      for($i=1;$i<=10;$i++)
11      {
12          echo rand(1,100);
13          echo "<br>";
14      }
15  ?>
16
17  </body>
18  </html>
```

图 3-49

2）使用 for 循环语句打印输出 15 行字符串"I Love PHP"，效果如图 3-50 所示。

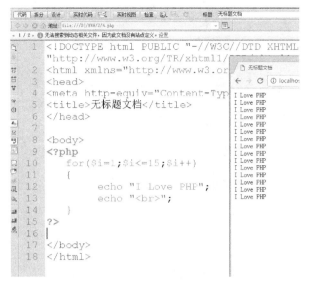

图　3-50

3）编写一个程序打印输出如图 3-51 所示的造型，将编写的程序保存在 PHP 运行目录下命名为"3.php"，接着打开 phpStudy 运行"3.php"，截图保存为"3.jpg"。

```
<body>
<?php
echo "**********";echo "<br>";
for($x=1;$x<=6;$x++)
{
echo "*    *";echo "<br>";
}

echo "**********";echo "<br>";
?>
</body>
```

```
**********
*        *
*        *
*        *
*        *
*        *
*        *
*        *
*        *
*        *
*        *
*        *
*        *
**********
```

图　3-51

4）用 while 语句输出九九乘法表。参考代码，如图 3-52 所示。

```php
8   <?php
9   $i=1;
10  while($i<=9) {
11    $j=1;
12    while($j<=$i) {
13          echo "$j";
14          echo "*";
15          echo "$i";
16          echo "=";
17          $sum=$i*$j;
18          echo "$sum";
19          echo " ";
20      $j++;
21      }
22    $i++;
23    echo "<br>";
24  }
25  ?>
```

图　3-52

5）用 do while 语句输出九九乘法表，参考代码如图 3-53 所示。

```php
<?php
$i=1;
do {
    $j=1;
  do {
    echo "$j";
    echo "*";
    echo "$i";
    echo "=";
    $sum=$i*$j;
    echo "$sum";
    echo " ";
    $j++;
  }while ($j<=$i);
    $i++;
    echo "<br>";
} while ($i<=9);
?>
```

图 3-53

6）使用 do…while 循环语句编写一个 PHP 程序，实现输出 1、2、3…、10，将程序保存命名为"05.php"，调试运行成功后截图保存为"06.jpg"。程序效果如图 3-54 所示。

图 3-54

温馨提示

do…while 循环语句格式，表示当条件成立时会不停地执行循环体。while 后面要加分号（；）表示结束符。

7）使用 do…while 循环语句编写一个程序，实现计算 S=1+2+3+…+10（s=55）的值，将程序保存命名为"07.php"，调试运行成功后截图保存为"07.jpg"。程序如图 3-55 所示。

图　3-55

8）使用 do...while 循环语句编写一个程序，实现计算 S=2+4+6+···+50（s=650）的值，将程序保存命名为"08.php"，调试运行成功后截图保存为"08.jpg"。程序如图 3-56 所示。

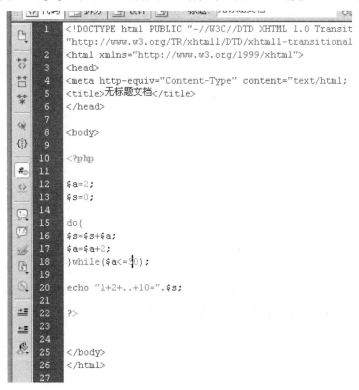

图　3-56

9）使用while循环语句编写一个PHP程序，实现输出1、2、3…、10，将程序保存命名为"09.php"，调试运行成功后截图保存为"09.jpg"。程序运行效果如图3-57所示。

图　3-57

1）while后面要加"；"表示结束符。

2）while循环语句在当条件成立时会不停地执行循环体。

3）do…while与while循环比较。do…while先执行一次循环体再判断条件，while是先判断条件，满足条件再执行循环体。

10）使用for循环语句编写一个PHP程序，实现输出1、2、3…、10，将程序保存命名为"10.php"，调试运行成功后截图保存为"10.jpg"。程序运行效果如图3-58所示。

图　3-58

for循环是PHP中最复杂的循环结构，它的行为和C语言很相似，for(expr1;expr2;expr3){……}，其中expr1无条件执行；expr2作比较运算，当expr2表达式为真时继续执行循环体内的语句否则结束循环；expr3为改变条件。

11）用for循环语句编写一个程序，实现计算S=1+2+3+…+100（s=5050）的值。将程序保存命名为"11.php"，调试运行成功后截图保存为"10.jpg"。程序运行效果及代码如图3-59所示。

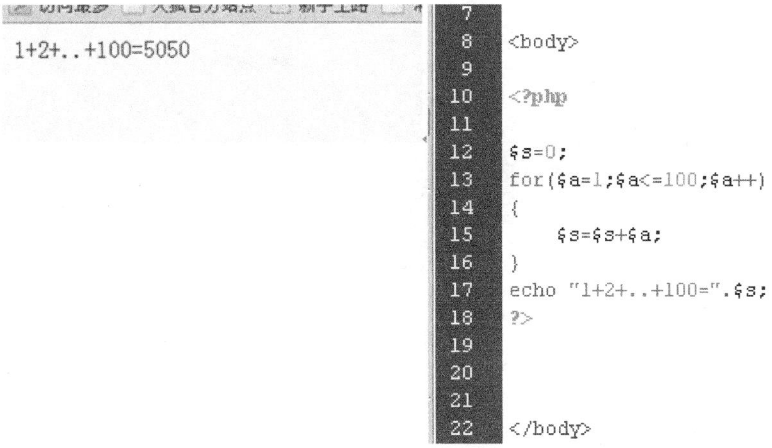

```
 7
 8        <body>
 9
10        <?php
11
12        $s=0;
13        for($a=1;$a<=100;$a++)
14        {
15            $s=$s+$a;
16        }
17        echo "1+2+..+100=".$s;
18        ?>
19
20
21
22        </body>
```

图 3-59

12）用 for 循环语句编写一个程序，实现计算 S=2+4+6+…+50（s=650）的值。将程序保存命名为"12.php"，调试运行成功后截图保存为"12.jpg"。

13）用 for 循环语句编写一个程序，实现计算 S=3+6+9+…+99（s=1683）的值。将程序保存命名为"13.php"，调试运行成功后截图保存为"13.jpg"。

14）用 for 循环语句编写一个程序，实现计算 S=1/1+1/2+1/3+…+1/100 的值。将程序保存命名为"14.php"，调试运行成功后截图保存为"14.jpg"。

15）用 for 循环语句编写一个程序，实现计算 S=2+22+222+…+222..2（10 个 2）的值。将程序保存命名为"15.php"，调试运行成功后截图保存为"15.jpg"。

16）用 for 循环语句编写一个程序，实现计算 S=1/1+1/11+1/111+…+1/111..1（10 个 1）的值。将程序保存命名为"16.php"，调试运行成功后截图保存为"16.jpg"。

【任务评价】

教师评语：

结合本任务的学习，对照下列学习评价指标在指定的位置依照非常满意、比较满意、满意、不满意、非常不满意（对应分值分别为 5、4、3、2、1）对自己的学习结果进行反思、评价。

序　号	评价指标	自我评价
1	使用 for 语句输出九九乘法表的应用熟练程度	
2	使用 while 语句输出九九乘法表的应用熟练程度	
3	使用 do while 语句输出九九乘法表的应用熟练程度	

项目 4 MySQL 安全配置

学习任务

- ➤ MySQL 的基本设置方法。
- ➤ MySQL 用户与权限设置。
- ➤ 创建数据库与数据表。
- ➤ 使用 SQL 语句操作数据库。

学习目标

- ➤ 掌握数据库连接函数 mysqli_connect() 与关闭数据库连接函数 mysqli_close()，利用 PHP 实现数据库的连接、应用及关闭。
- ➤ 熟悉 $_GET 和 $_POST 全局变量的使用，熟悉 mysqli_query() 函数应用，利用表单 提交文章内容，将文章内容保存到 MySQL 数据表中。
- ➤ 熟悉掌握 $_GET 获取 URL 传递的表单数据方法，掌握 mysql_fetch_array() 和 mysqli_query() 函数，使用 GET 方法提交的表单数据被附加到 URL 上，并作为 URL 的一部分发送到服务器端。

任务 1 MySQL 基本设置

【学习目标】

1）了解 MySQL。
2）了解 MySQL 管理工具。
3）使用 phpMyAdmin 进行基本设置。

【任务分析】

　　MySQL 自身是没有可视化的操作界面的，需要使用命令行进行相关操作，非常不方便。因此网络上出现了一些可视化的 MySQL 管理工具，让用户可以直观、快捷地对 MySQL 进行各项设置。

目前主流的 MySQL 可视化管理工具有 Navicat for MySQL、phpMyAdmin 等。其中，Navicat for MySQL 是一款独立的软件，需要另外下载、安装并注册才能使用；phpMyAdmin 是一个以 PHP 为基础，以 Web–Base 方式架构运行在网站主机上的 MySQL 库管理工具。在 phpStudy、WAMP 和 XAMPP 等 PHP 集成开发环境中都集成了 phpMyAdmin，打开并启动好 phpStudy 后就可以直接在网页上使用它。

接下来就一起学习如何使用 phpMyAdmin 进行 MySQL 的各项配置工作。

【相关知识】

1）除了安装 phpStudy 可以快速搭建 MySQL 运行、开发环境之外，也可以下载 WAMP 或 XAMPP 进行快速部署、配置 MySQL 环境。

2）以上所提到的各种 PHP 部署工具都集成了 phpMyAdmin 管理工具，如图 4-1 所示。

图 4-1

【任务实施】

步骤一

运行 phpStudy，打开 phpStudy 管理界面并启动，确保 MySQL 正常启动，如图 4-2 所示。

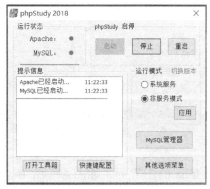

图 4-2

步骤二

选择"MySQL 管理器"→"phpMyAdmin"命令，如图 4-3 所示。

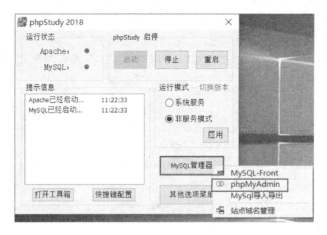

图　4-3

步骤三

此时会弹出一个登录网页，如图 4-4 所示。如果是初次使用 phpMyAdmin，则可以通过默认的账号密码进行登录（账号和密码都是 root。如果登录不成功或忘记密码则可以重置密码）。

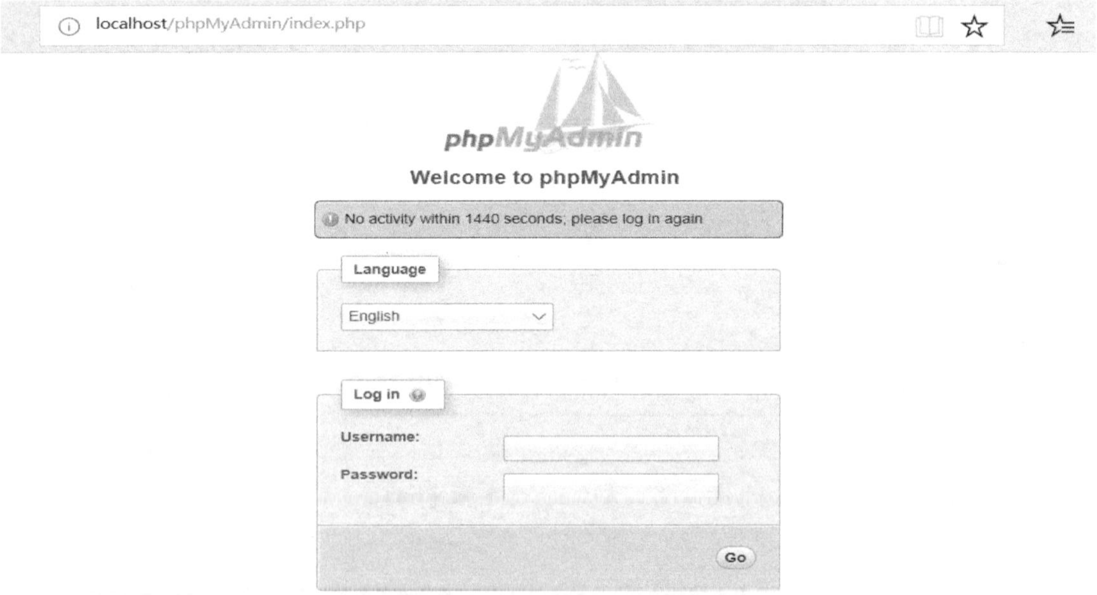

localhost/phpMyAdmin/index.php

phpMyAdmin

Welcome to phpMyAdmin

No activity within 1440 seconds; please log in again

Language

English

Log in

Username:

Password:

Go

图　4-4

步骤四

登录成功后，是 phpMyAdmin 的主界面，如图 4-5 所示。在页面中的 Language 选项中把语言设置为简体中文，如图 4-6 所示。

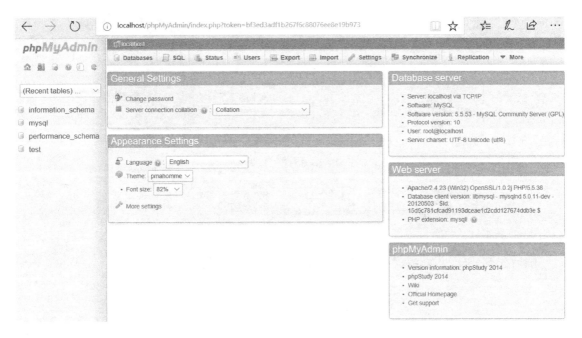

图　4-5

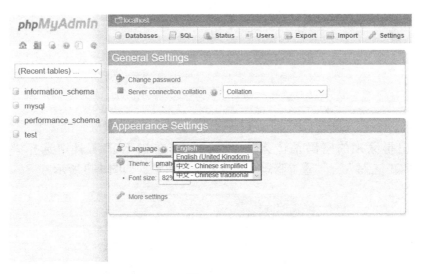

图　4-6

温馨提示

页面中显示的是目前正在使用的版本信息，切换为中文后可以检查一下当前的 MySQL 版本和 Apache 版本。

步骤五

数据库中会存放很多重要数据，为了提高数据安全性，最好设置一个新的 MySQL 密码。打开 phpStudy 面板，选择"其他选项菜单"→"MySQL 工具"→"设置或修改密码"命令，如图 4-7 所示。

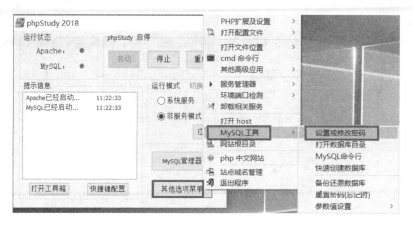

图 4-7

随后在 MySQL 设置界面的下方修改 MySQL 密码，如图 4-8 所示。

图 4-8

如果不记得原来的密码是什么，那么也可以在 MySQL 工具中选择"其他选项菜单"→"MySQL 工具"→"重置密码"命令将密码重置，如图 4-9 所示。

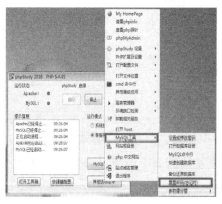

图 4-9

【任务拓展】

1）使用 MySQL 管理工具 Navicat for MySQL，新建数据库，将新建的数据库命名为

newdb，截图保存为"1.jpg"，如图 4-10 所示。

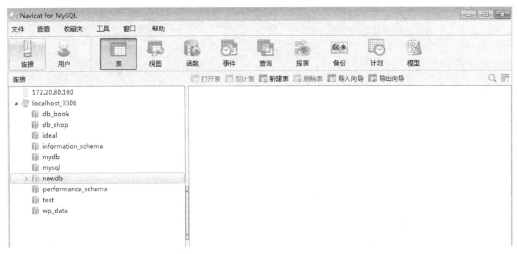

图　4-10

2）在数据库 newdb 中，新建数据表保存用户信息，数据表命名为 users，表的结构见表 4-1，操作设置如图 4-11 所示，并将操作截图保存为"2.jpg"。

表　4-1

字　　段	类　　型	长　度	是否容许空	说　　明	备　　注
ID	Int		非空	编号	自动增长主键
UserName	Varchar	50	可空	用户名	
PSWord	varchar	50	可空	用户密码	

图　4-11

3）打开数据表 users，录入数据，如图 4-12 所示，并将操作截图保存为"3.jpg"。

图 4-12

4）新建数据表保存留言信息，数据表命名为 Message，表的结构见表 4-2，操作设置如图 4-13 所示，并将操作截图保存为"4.jpg"。

表 4-2

字　段	类　型	长　度	是否容许空	说　明	备　注
ID	Int		非空	编号	自动增长主键
User	Varchar	50	可空	用户名	
Title	Varchar	100	可空	标题	
Content	Varchar	200	可空	留言内容	
lastdate	varchar	50	可空	时间	

图 4-13

5）打开数据表 Message，录入数据，如图 4-14 所示，并将操作截图保存为 "5.jpg"。

图　4-14

【任务评价】

教师评语：

结合本任务的学习，对照下列学习评价指标在指定的位置依照非常满意、比较满意、满意、不满意、非常不满意（对应分值分别为 5、4、3、2、1）对自己的学习结果进行反思、评价。

序　号	评 价 指 标	自 我 评 价
1	了解主流数据库管理系统 Oracle、MySQL、SQL Server	
2	了解 MySQL 的优势、特点	
3	了解可视化数据库管理工具	
4	能够使用 phpMyAdmin 进行各项设置	
5	了解 PHP 脚本特点	

 任务2　MySQL 用户与权限设置

【学习目标】

1）了解 MySQL 的权限。
2）使用 phpMyAdmin 进行用户设置。
3）使用 phpMyAdmin 进行权限设置。

【任务分析】

出于安全考虑，MySQL 的默认账号 root 只在本地计算机能登录。随着云服务技术的发展越来越成熟，越来越多的网站服务器和数据库都部署到云端，其数据库的连接访问方式也由本地变为远程连接，当需要远程连接访问 MySQL 时，就需要对用户与权限进行另外的设置才可以。在本任务中，将主要学习 MySQL 的权限设置。

【相关知识】

本任务中 MySQL 的设置主要可概括为以下 3 类：

1）用户账号密码设置。

2）连接 IP 限制设置。

3）操作权限设置。

【任务实施】

步骤一

运行 phpStudy，打开 phpMyAdmin 并使用设置好的用户名和密码登录到主界面。单击上方菜单栏中的"用户"，再单击"添加用户"按钮，如图 4-15 所示。

图　4-15

步骤二

此时会弹出"添加用户"对话框，需要在对话框中输入账户密码信息，如图 4-16 所示。"使用文本域"表示在文本框中输入字符。

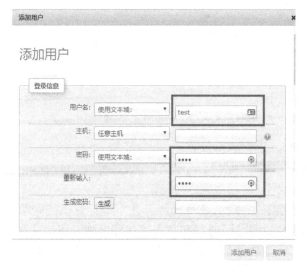

图　4-16

步骤三

根据图 4-16 的提示，分别在“用户名”“密码”“重新输入”3 个文本框中输入账号密码，再单击右下角的“添加用户”按钮。

第二行的主机是限制用户登录的 IP 地址，选择“任意主机”表示可以在任何一台计算机上使用这个账号密码远程连接进入 MySQL。

添加成功后页面会回到用户界面，在用户列表中检查刚才添加的用户是否出现，如图 4-17 所示。

localhost/phpMyAdmin/index.php?token=dd8e2775178e38851a06395a
phpMyAdmin
localhost
数据库
SQL
状态
用户
导出
导入
设置
(最近使用的表) ...
information_schema
mysql
performance_schema
用户概况
用户
主机
密码
全局权限
授权
操作
root
127.0.0.1
ALL PRIVILEGES
编辑权限
导出
test
%
USAGE
全选 / 全不选
添加用户

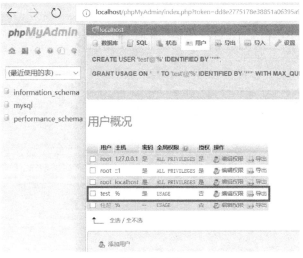

图　4-17

步骤四

创建好用户之后，可以根据需要赋予用户不同的权限。单击用户名右侧的“编辑权限”按钮，弹出新的对话框，如图 4-18 所示。

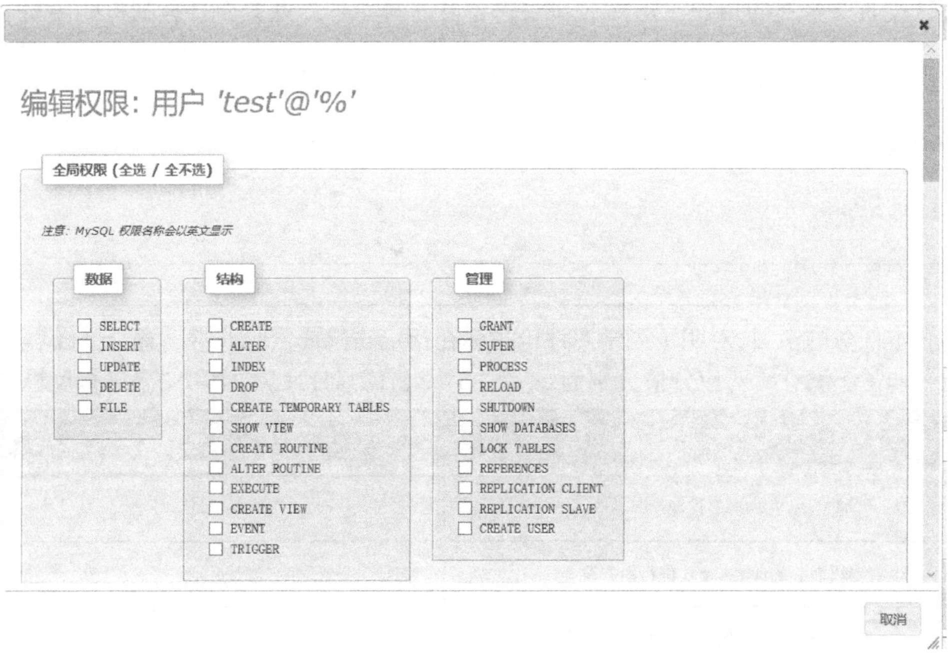

编辑权限：用户 'test'@'%'
全局权限（全选 / 全不选）
注意：MySQL 权限名称会以英文显示
数据
SELECT
INSERT
UPDATE
DELETE
FILE
结构
CREATE
ALTER
INDEX
DROP
CREATE TEMPORARY TABLES
SHOW VIEW
CREATE ROUTINE
ALTER ROUTINE
EXECUTE
CREATE VIEW
EVENT
TRIGGER
管理
GRANT
SUPER
PROCESS
RELOAD
SHUTDOWN
SHOW DATABASES
LOCK TABLES
REFERENCES
REPLICATION CLIENT
REPLICATION SLAVE
CREATE USER
取消

图　4-18

步骤五

第一、第二列是关于数据结构和数据的相关权限，先把这两列都选上，这样该用户就有了对数据和结构进行添加、删除、修改等权限。接着单击"执行"按钮，如图 4-19所示。

图　4-19

【任务拓展】

尝试设置一个新的用户，用户名和密码为自己的学号，设置允许教师机的主机 IP 连接登录。

【任务评价】

教师评语：

结合本任务的学习，对照下列学习评价指标在指定的位置依照非常满意、比较满意、满意、不满意、非常不满意（对应分值分别为 5、4、3、2、1）对自己的学习结果进行反思、评价。

序　号	评 价 指 标	自 我 评 价
1	了解 MySQL 的部署情况	
2	熟练使用 phpMyAdmin 进行用户设置	
3	熟练使用 phpMyAdmin 进行权限设置	

任务3 创建数据库与数据表

【学习目标】

1）了解 MySQL 的结构。
2）使用 phpMyAdmin 创建数据库与数据表。
3）使用 SQL 语句创建数据库与数据表。

【任务分析】

MySQL 中可以建立不同的数据库存放不同的内容，一个数据库下包含若干个数据表，数据表内包含若干条数据。因此在存储数据之前必须要先建立数据库，再建立数据表，最后把数据保存进去。通过本任务，掌握如何创建数据库与数据表。

【相关知识】

1）MySQL 中可以建立多个数据库。
2）一个数据库由若干个数据表组成。
3）一张数据表由若干条记录组成。
4）记录中的数据存储在各个字段中，因此字段需要区分数据类型。

【任务实施】

步骤一

单击上方的"数据库"，在"新建数据库"文本框中输入新数据库名 blog，同时选择"utf8-general-ci"，单击"创建"按钮，如图 4-20 所示。

创建成功后可以看到左侧栏出现刚才创建的数据库，如图 4-21 所示。

图　4-20　　　　　　　　　　图　4-21

步骤二

单击"blog"进入内部，会发现里面是空的，接下来往里面新建数据表。"名字"为 text，"字段数"为 3,如图 4-22 所示,输入完成后单击"执行"按钮。

图 4-22

步骤三

执行完成后,进行表内字段的设置,如图 4-23 所示。

"名字"分别为 id、title、content。

"类型"分别为 INT、VARCHAR、TEXT。

"长度/值"分别为 10、50、200。

图 4-23

步骤四

在 id 所在行的右边找到"索引"项,设置为 PRIMARY,表示 id 为主键,在数据表中是唯一的,如图 4-24 所示。

在 id 所在行的右边找到"A_I",并勾选,这样在添加记录时 id 会自动生成并递增,如图 4-25 所示。

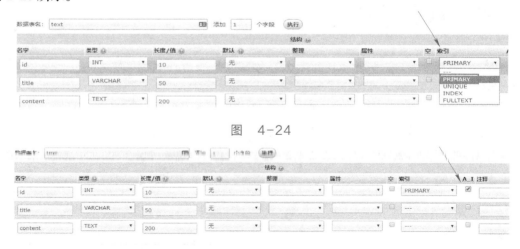

图 4-24

图 4-25

步骤五

设置好后单击"保存"按钮，检查页面，如图 4-26 所示，已经成功创建了 text 数据表。

图　4-26

【任务拓展】

尝试新建一个数据库"Media"，在该数据库下建立数据表"video"，表中包含 3 个字段，分别为 id（类型为 INT）、name（类型为 VARCHAR）、path（类型为 VARCHAR），并设置 id 索引为 PRIMARY，设置自动递增 A_I。

【任务评价】

教师评语：

结合本任务的学习，对照下列学习评价指标在指定的位置依照非常满意、比较满意、满意、不满意、非常不满意（对应分值分别为 5、4、3、2、1）对自己的学习结果进行反思、评价。

序　号	评 价 指 标	自 我 评 价
1	了解 MySQL 的数据结构组成	
2	熟练使用 phpMyAdmin 进行数据库、数据表的创建	

 使用 SQL 操作数据库

【学习目标】

1）了解 SQL（Structured Query Language，结构化查询语言）。
2）使用 SQL 语句创建数据库与数据表。

【任务分析】

上一个任务中，在 phpMyAdmin 界面中完成了数据库和数据表的创建。在操作过程中，前后涉及环节比较多，容易在操作过程中遗漏，而且难以记录保存操作步骤。使用 SQL 语句就能够避免这类情况发生。

SQL，是一种数据库查询和程序设计语言，用于存取数据以及查询、更新和管理关系数据库系统。SQL 语句就是对数据库进行操作的一种语言。

【相关知识】

创建数据库：CREATE DATABASE 数据库名。

例如：CREATE DATABASE blog 表示创建一个名为 blog 的数据库。

创建新表：create table 表名 (字段 1 类型 [not null] [primary key], 字段 2 类型 [not null],..)。

例如：create table text (id int not null primary key)。

【任务实施】

通过 SQL 语句创建一个 blog2 数据库和 text2 数据表，表内结构和任务 3 中的 blog 数据库保持一致。

步骤一

启动 phpStudy，打开 phpMyAdmin 的主界面，单击上方菜单的 "SQL"，如图 4-27 所示。

图　4-27

步骤二

在文本框中输入 "CREATE DATABASE blog2；"，单击 "执行" 按钮，如图 4-28 所示。

图　4-28

步骤三

刷新页面后可以看到新创建的 blog2 数据库，如图 4-29 所示。

步骤四

单击 blog2 进入 blog2 数据库，如图 4-30 所示，上方的路径显示为 "localhost >> blog2"，此时再单击 "SQL" 按钮。

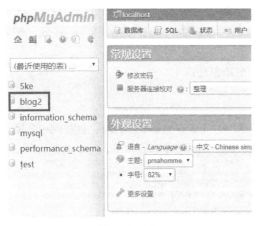

图　4-29　　　　　　　　　　　　　图　4-30

步骤五

在文本框中输入以下代码，如图 4-31 所示。

```
CREATE TABLE IF NOT EXISTS text2 (
 id int(10) NOT NULL AUTO_INCREMENT,
 title varchar(50) NOT NULL,
 content text NOT NULL,
 PRIMARY KEY ('id')
)
```

图　4-31

温馨提示

1）CREATE TABLE IF NOT EXISTS text2（这一行代码表示创建数据表 text2）。

2）id int(10) NOT NULL AUTO_INCREMENT，设置字段 id，int（10）表示类型为整数长度为 10，NOT NULL 表示不能为空，AUTO_INCREMENT 表示自动递增（A_I）。

3）title varchar(50) NOT NULL，设置字段 title，varchar(50) 表示类型为字符长度为 50，NOT NULL 表示不能为空。

4）content text NOT NULL，设置字段 content，text 表示类型为长文本字符，NOT NULL 表示不能为空。

5）PRIMARY KEY ('id') 将 id 的索引设置为 PRIMARY。

步骤六

页面刷新后可以看到，已经成功创建 text2 表和 id、title、content 字段，如图 4-32 所示。

图 4-32

【任务拓展】

尝试使用 SQL 新建一个数据库"Media2"，在该数据库下建立数据表"video2"，表中包含 3 个字段分别为 id（类型为 INT）、name（类型为 VARCHAR）、path（类型为 VARCHAR），并设置 id"索引"为 PRIMARY，设置自动递增 A_I。

【任务评价】

教师评语：

结合本任务的学习，对照下列学习评价指标在指定的位置依照非常满意、比较满意、满意、不满意、非常不满意（对应分值分别为 5、4、3、2、1）对自己的学习结果进行反思、评价。

序　　号	评 价 指 标	自 我 评 价
1	了解 SQL 语句	
2	使用 SQL 语句进行数据库、数据表的创建	

项目5 开发 PHP 网站

学习任务

- ➤ 连接及关闭数据库。
- ➤ 添加数据。
- ➤ 查询数据。
- ➤ 数据删除。
- ➤ 修改数据。

学习目标

- ➤ 掌握数据库连接函数 mysqli_connect() 与关闭数据库函数 mysqli_close()，利用 PHP 实现数据库的连接、应用及关闭。
- ➤ 熟悉 \$_GET 和 \$_POST 全局变量的使用，熟悉 mysqli_query() 函数应用方法，利用表单提交文章内容，将文章内容保存到 MySQL 数据表中。
- ➤ 掌握使用 \$_GET 获取 URL 传递表单数据的方法，掌握 mysql_fetch_array() 和 mysqli_query() 函数，使用 get 方法提交的表单数据被附加到 URL 上，并作为 URL 的一部分发送到服务器端。

任务 1 连接及关闭数据库

【学习目标】

1) 掌握数据库连接函数 mysqli_connect()。
2) 掌握关闭数据库连接的函数 mysqli_close()。
3) 理解函数 mysqli_connect() 的返回值。

【任务分析】

利用 PHP 的 mysqli_connect() 函数连接数据库，并验证连接是否成功。每次执行数据库操作后，最好关闭数据库连接。

【相关知识】

1）PHP 内置函数 mysqli_connect() 可以打开一个到 MySQL 服务器的新的连接。

函数语法：mysqli_connect(host,username,password,dbname,port,socket);

参数说明见表 5-1。

表　5-1

host	可选。规定主机名或 IP 地址
username	可选。规定 MySQL 用户名
password	可选。规定 MySQL 密码
dbname	可选。规定默认使用的数据库
port	可选。规定尝试连接到 MySQL 服务器的端口号
socket	可选。规定 socket 或要使用的命名

返回值说明：返回一个代表到 MySQL 服务器的连接的对象（标识）。

2）PHP 内置函数 mysqli_close() 可以关闭已经打开的数据库连接。

函数语法：mysqli_close(connection)。

参数说明见表 5-2。

表　5-2

connection	必需。规定要关闭的 MySQL 连接（标识）

返回值说明：如果成功则返回 TRUE，如果失败则返回 FALSE。

【任务实施】

本项目的 PHP 文件统一放在 blog 文件夹下，如图 5-1 所示。

图　5-1

PHP 文件名及对应的功能（作用）见表 5-3。

表　5-3

connect_test.php	连接及关闭数据库
text_insert.php	添加数据的表单页面
text_insert_do.php	接收要添加的数据，并写入数据表中
text.php	查询数据
text_delete.php	删除数据
text_update.php	修改数据的表单页面
text_update_do.php	接收要修改的数据，并更新到数据表中

步骤一

结合 MySQL 数据库的知识，在自己的主机上创建 blog 的数据库，并添加 text 数据表，text 数据表中的字段有 3 个：文章编号 id、文章标题 title、文章内容 content，如图 5-2 所示。

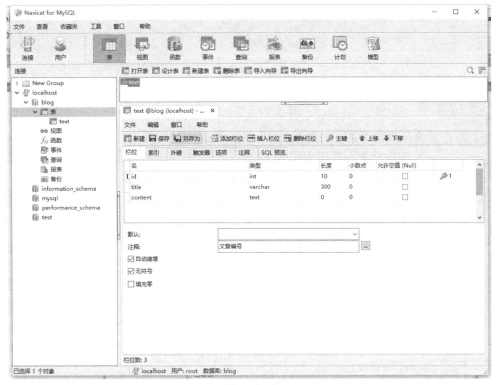

图 5-2

步骤二

在 Dreamweaver 中添加页面"connect_test.php"。连接创建好的 blog 数据库，根据 mysqli_connect() 函数的返回结果，判断是否执行成功并提示。php 代码如图 5-3 所示。

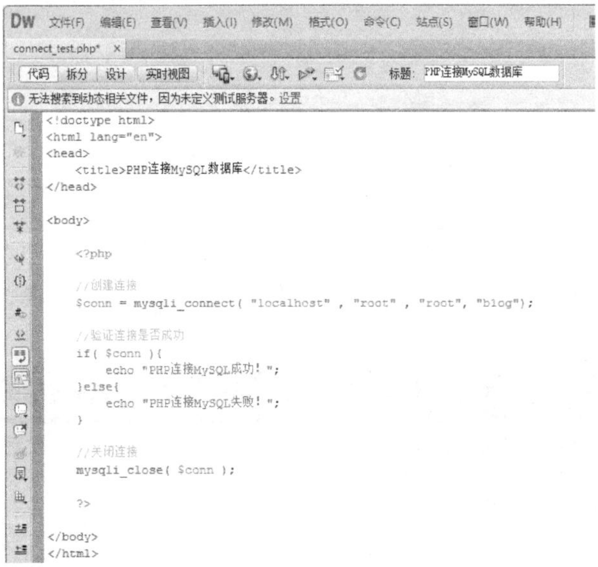

图 5-3

步骤三

如果正常则输出"成功"的提示。运行结果如图5-4所示。

图　5-4

【任务拓展】

由于操作系统环境的不同,PHP操作MySQL数据库的结果可能会出现乱码。可以利用mysqli_set_charset()函数设置在数据库传输字符时所用的默认字符编码,程序如图5-5所示。

```php
<?php

//创建连接
$conn = mysqli_connect( "localhost" , "root" , "root", "bllog");

//验证连接是否成功
if( $conn ){
    echo "PHP连接MySQL成功! ";
}else{
    echo "PHP连接MySQL失败! ";
}

//设置在数据库间传输字符时所用的默认字符编码
mysqli_set_charset( $conn , 'utf8' );

//关闭连接
mysqli_close( $conn );

?>
```

图　5-5

【任务评价】

教师评语:

结合本任务的学习,对照下列学习评价指标在指定的位置依照非常满意、比较满意、满意、不满意、非常不满意(对应分值分别为5、4、3、2、1)对自己的学习结果进行反思、评价。

序　号	评 价 指 标	自 我 评 价
1	掌握数据库连接函数 mysqli_connect()	
2	掌握关闭数据库连接的函数 mysqli_close()	
3	理解函数 mysqli_connect() 的返回值	

任务 2 添加数据

【学习目标】

1）理解表单提交数据的 get 和 post 方法。

2）掌握 $_GET 和 $_POST 全局变量的使用方法。

3）掌握使用 mysqli_query() 函数执行某个针对数据库的操作的方法。

【任务分析】

利用表单提交文章内容，将文章内容保存到 MySQL 数据表中。

【相关知识】

1）HTML 中利用 get 和 post 方法提交表单数据，PHP 中超全局变量 $_GET 和 $_POST 对应收集表单提交的数据，比如，用户登录时的账号和密码、文章内容等，然后对接收到的数据做处理。

2）mysqli_query() 函数执行某个针对数据库的查询。

函数语法：mysqli_query(connection,query,resultmode);。

参数说明见表 5-4。

表 5-4

connection	必需。规定要使用的 MySQL 连接
query	必需，规定查询字符串
resultmode	可选

返回值说明：

针对成功的 SELECT、SHOW、DESCRIBE 或 EXPLAIN 查询，将返回一个 mysqli_result 对象。针对其他成功的查询，将返回 TRUE。如果失败，则返回 FALSE。

【任务实施】

步骤一

在 Dreamweaver 添加页面 "text_insert.php"，利用 post 方法提交 form 表单的数据，如图 5-6 所示。

图 5-6

步骤二

页面展示效果如图 5-7 所示。

图 5-7

步骤三

添加页面"text_insert_do.php"，应用 PHP 中的 $_POST 全局变量获取到数据（数组），将获取到的数据写入数据库中，如图 5-8 所示。

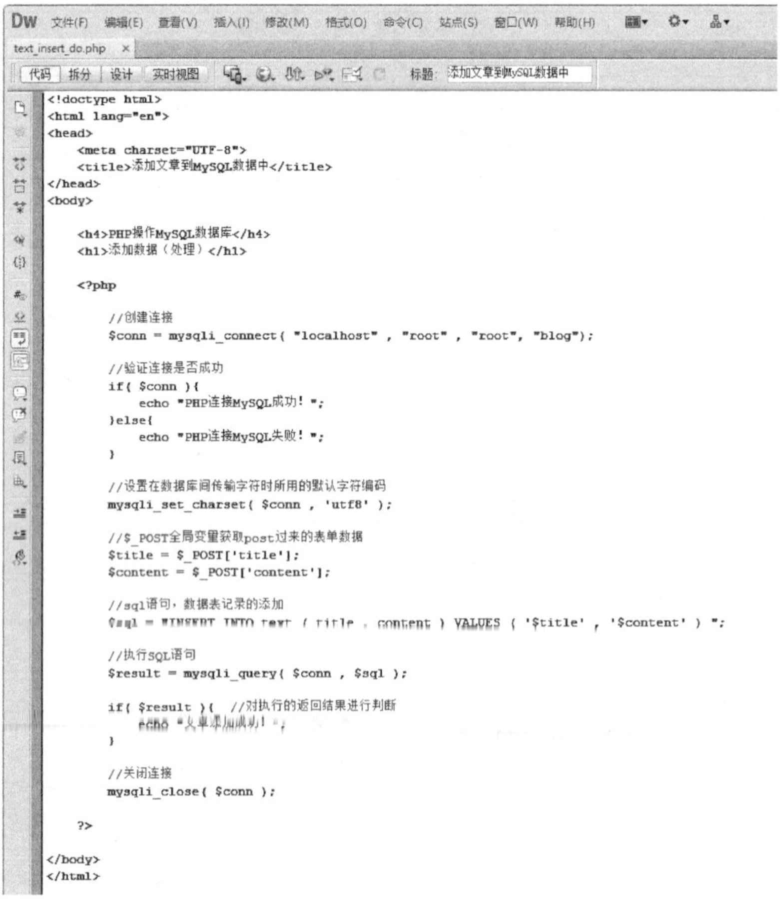

```
<!doctype html>
<html lang="en">
<head>
    <meta charset="UTF-8">
    <title>添加文章到MySQL数据中</title>
</head>
<body>

    <h4>PHP操作MySQL数据库</h4>
    <h1>添加数据（处理）</h1>

    <?php

        //创建连接
        $conn = mysqli_connect( "localhost" , "root" , "root", "blog");

        //验证连接是否成功
        if( $conn ){
            echo "PHP连接MySQL成功！";
        }else{
            echo "PHP连接MySQL失败！";
        }

        //设置在数据库间传输字符时所用的默认字符编码
        mysqli_set_charset( $conn , 'utf8' );

        //$_POST全局变量获取post过来的表单数据
        $title = $_POST['title'];
        $content = $_POST['content'];

        //sql语句，数据表记录的添加
        $sql = "INSERT INTO text ( title , content ) VALUES ( '$title' , '$content' ) ";

        //执行SQL语句
        $result = mysqli_query( $conn , $sql );

        if( $result ){   //对执行的返回结果进行判断
            echo "文章添加成功！";
        }

        //关闭连接
        mysqli_close( $conn );

    ?>

</body>
</html>
```

图 5-8

步骤四

在"text_insert.php"中单击"添加文章"按钮，会将表单中的数据提交给"text_insert_do.php"进行处理。在"text_insert_do.php"页面中，将接收到的文章标题 title、内容 content 写到 MySSQL 数据库中。成功执行后，结果如图 5-9 所示。

PHP操作MySQL数据库

添加数据（处理）

PHP连接MySQL成功！文章添加成功！

图　5-9

【温馨提示】

在 MySQL 语句中，字符串类型的字段值要用英文的单引号括起来。在 SQL 中，如果是文本值，则要用单引号括起来；如果是数值，则不要使用引号。

步骤五

利用 MySQL 管理工具 Navicat 打开数据库 blog，查看数据表，可以看到刚才写入的记录，如图 5-10 所示。

图　5-10

【任务拓展】

尝试多添加几篇文章，查看数据表记录变化情况（见图 5-11）。

图 5-11

教师评语:

_____

结合本任务的学习,对照下列学习评价指标在指定的位置依照非常满意、比较满意、满意、不满意、非常不满意(对应分值分别为5、4、3、2、1)对自己的学习结果进行反思、评价。

序　号	评 价 指 标	自 我 评 价
1	理解表单提交数据的 get 和 post 方法	
2	掌握 $_GET 和 $_POST 全局变量的使用方法	
3	掌握使用 mysqli_query() 函数执行某个针对数据库的操作的方法	

 查询数据

【学习目标】

1)掌握使用 $_GET 获取 URL 传递的表单数据的方法。
2)掌握使用 mysqli_query() 函数执行某个针对数据库的操作的方法。
3)掌握 mysql_fetch_array() 函数的用法。

【任务分析】

本任务使用 get 方法提交的表单数据被附加到 URL 上,并作为 URL 的一部分发送到服务器端。服务器端通过 $_GET[] 超全局变量获取 URL 传递过来的数据。

【相关知识】

1）HTML 中利用 get 和 post 方法提交表单数据，PHP 中超全局变量 $_GET 和 $_POST 对应收集表单提交的数据，比如，用户登录时的账号和密码、文章内容等，然后再对数据做处理。

2）mysql_fetch_array() 函数从结果集中取得一行作为关联数组或数字数组，或二者兼有。

函数语法：mysqli_query(connection,query,resultmode);。

参数说明见表 5-5。

表 5-5

result	必需。规定由 mysqli_query()、mysqli_store_result() 或 mysqli_use_result() 返回的结果集标识符
resulttype	可选。规定应该产生哪种类型的数组

返回值说明：

返回与读取行匹配的字符串数组。如果结果集中没有更多的行则返回 NULL。

【任务实施】

步骤一

在 Dreamweaver 中添加页面 "text.php"，实现的功能是根据 URL 传递的编号 id 值查询对应的文章标题和内容，如图 5-12 所示。

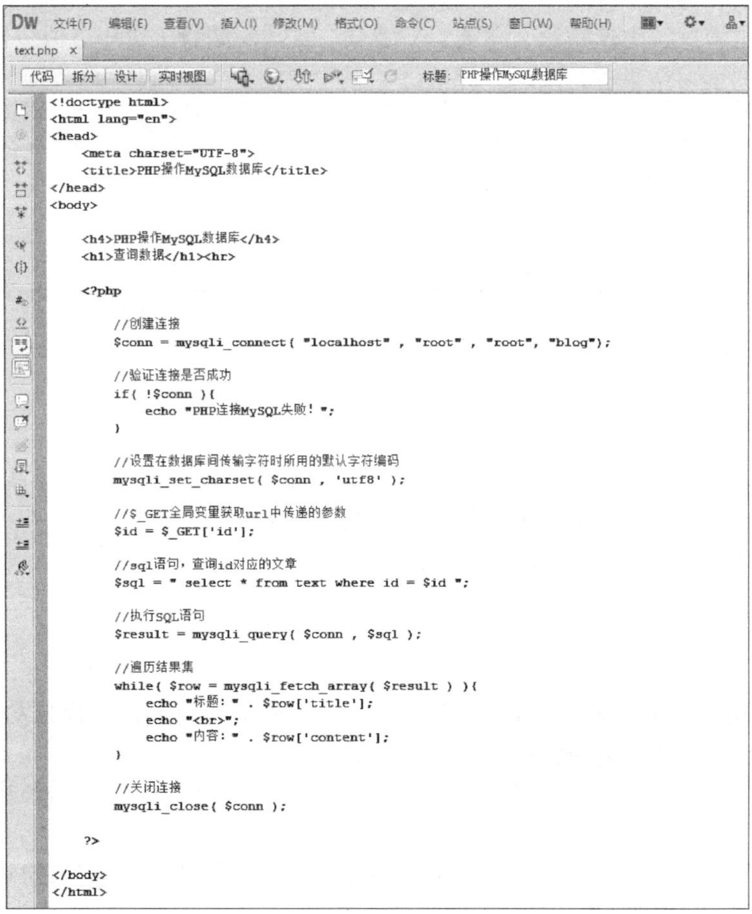

```
<!doctype html>
<html lang="en">
<head>
    <meta charset="UTF-8">
    <title>PHP操作MySQL数据库</title>
</head>
<body>

    <h4>PHP操作MySQL数据库</h4>
    <h1>查询数据</h1><hr>

    <?php

        //创建连接
        $conn = mysqli_connect( "localhost" , "root" , "root", "blog");

        //验证连接是否成功
        if( !$conn ){
            echo "PHP连接MySQL失败！";
        }

        //设置在数据库间传输字符时所用的默认字符编码
        mysqli_set_charset( $conn , 'utf8' );

        //$_GET全局变量获取url中传递的参数
        $id = $_GET['id'];

        //sql语句，查询id对应的文章
        $sql = " select * from text where id = $id ";

        //执行SQL语句
        $result = mysqli_query( $conn , $sql );

        //遍历结果集
        while( $row = mysqli_fetch_array( $result ) ){
            echo "标题：" . $row['title'];
            echo "<br>";
            echo "内容：" . $row['content'];
        }

        //关闭连接
        mysqli_close( $conn );

    ?>

</body>
</html>
```

图 5-12

步骤二

URL 地址为 "localhost/text.php?id=1"，其中 localhost 表示本地主机（服务器），"text.php" 是访问的页面，"?" 后面是要传递的参数，"id=1" 表示文章 id 为 1。

查询出文章标题 title 和内容 content，如图 5-13 所示。

【任务拓展】

尝试更改 URL 中 id 的值，看一看文章标题和内容是否有如图 5-14 所示的结果。

图 5-13

【任务评价】

教师评语：

_____

_____

_____

图 5-14

结合本任务的学习，对照下列学习评价指标在指定的位置依照非常满意、比较满意、满意、不满意、非常不满意（对应分值分别为 5、4、3、2、1）对自己的学习结果进行反思、评价。

序　号	评　价　指　标	自　我　评　价
1	掌握 $_GET 获取 URL 传递的表单数据	
2	掌握 mysqli_query() 函数执行某个针对数据库的操作	
3	掌握 mysql_fetch_array() 函数用法	

 任务 4　删除数据

【学习目标】

1）掌握使用 $_GET 获取 URL 传递的表单数据的方法。
2）掌握使用 mysqli_query() 函数执行某个针对数据库的操作的方法。

【任务分析】

使用 get 方法提交的表单数据被附加到 URL 上，并作为 URL 的一部分发送到服务器端。服务器端通过 $_GET[] 超全局变量获取 URL 传递过来的数据。

【相关知识】

1）本任务中变量 $id=$_POST["id"]，是通过 post 方法获取网页传递过来的 id 参数值，然后根据数据表中的 id 对相应的数据记录执行删除操作处理。

2）删除数据库中的数据，应用的是 SQL 中的 delete 语句。在不指定删除条件的情况下，将删除指定数据表中的所有数据；如果定义了删除条件，那么删除数据表中的指定数据记录。执行删除操作时一定要慎重，因为一旦执行了删除操作，数据就不能恢复。本任务对数据库的数据表中的数据记录进行删除操作是使用 delete 语句，在 PHP 中通过 mysqli_query() 函数执行该 SQL 语句。

在 PHP 中执行数据删除操作的语法格式：mysqli_query(connection,sql);。

参数说明见表 5-6。

表　5-6

connection	数据库连接
sql	delete 数据删除语句 如，delete from UserTable where UserID=1

【任务实施】

步骤一

在 Dreamweaver 中添加页面“text_delete.php”，实现的功能是根据 URL 传递的 id 值删除对应的文章记录，参考代码如图 5-15 所示。

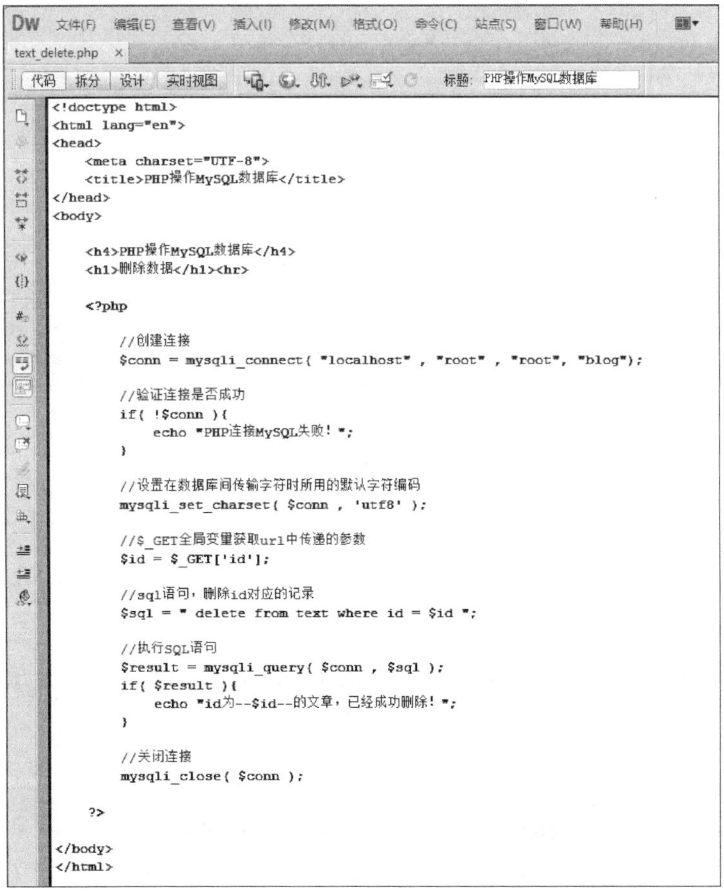

```
<!doctype html>
<html lang="en">
<head>
    <meta charset="UTF-8">
    <title>PHP操作MySQL数据库</title>
</head>
<body>

    <h4>PHP操作MySQL数据库</h4>
    <h1>删除数据</h1><hr>

    <?php

        //创建连接
        $conn = mysqli_connect( "localhost" , "root" , "root", "blog");

        //验证连接是否成功
        if( !$conn ){
            echo "PHP连接MySQL失败! ";
        }

        //设置在数据库间传输字符时所用的默认字符编码
        mysqli_set_charset( $conn , 'utf8' );

        //$_GET全局变量获取url中传递的参数
        $id = $_GET['id'];

        //sql语句，删除id对应的记录
        $sql = " delete from text where id = $id ";

        //执行SQL语句
        $result = mysqli_query( $conn , $sql );
        if( $result ){
            echo "id为--$id--的文章，已经成功删除! ";
        }

        //关闭连接
        mysqli_close( $conn );

    ?>

</body>
</html>
```

图　5-15

步骤二

将传递的文章 id 作为删除的条件。执行结果如图 5-16 所示。

图　5-16

步骤三

text 数据表中，id 为 3 的记录已经被删除，如图 5-17 所示。

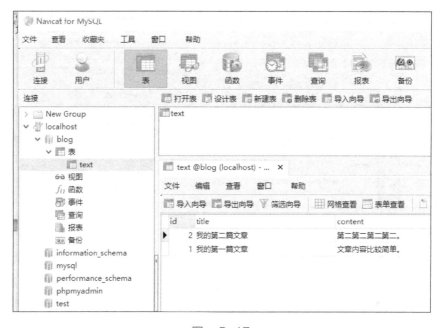

图　5-17

温馨提示

执行删除操作需要非常谨慎；要设置好正确的 where 条件，以免误删数据产生严重后果。

【任务拓展】

1）尝试更改 URL 中 id 的值，检查 text 表中记录变化的情况。

2）一般情况下，MySQL 数据表中保存的编号 id 是自动递增的正整数（1，2，3，…）。需要对 URL 传递的 id 数值进行判断，确保传递的是正整数。这可以使用 is_int() 函数对接收的 id 值进行判断。

【任务评价】

教师评语：

_____

_____

结合本任务的学习，对照下列学习评价指标在指定的位置依照非常满意、比较满意、满意、不满意、非常不满意（对应分值分别为 5、4、3、2、1）对自己的学习结果进行反思、评价。

序　号	评 价 指 标	自 我 评 价
1	理解使用 get 方法通过 URL 提交表单数据	
2	理解 MySQL 的删除语句	
3	掌握使用 mysqli_query() 函数执行数据库操作的方法	
4	理解 mysqli_query() 函数的返回值	

 修改数据

【学习目标】

1）理解表单提交数据的 get 和 post 方法。

2）掌握 $_GET 和 $_POST 全局变量的使用方法。

3）掌握 mysqli_query() 函数执行某个针对数据库的操作的方法。

【任务分析】

文章数据有时需要更新修改，这时候，就要用到 MySQL 的 update 命令。在 PHP 中，利用 mysqli_query() 函数执行 update 语句。本任务就使用此函数来完成相关内容。

【相关知识】

1）本任务中变量 $id=$_POST["id"]，是通过 post 方法获取网页传递过来的 id 参数值，然后根据数据表中的 id 对相应的数据记录进行修改更新处理。

2）对数据库的数据表中的数据记录进行修改更新是使用 update 语句，依然通过 mysqli_query() 函数执行该 SQL 语句。

在 PHP 中执行数据修改更新操作的语法格式：mysqli_query(connection,sql);。

参数说明见表 5-7。

表　5-7

connection	数据库连接
sql	update 数据更新语句 如，Update UsersTable Set Name=' 李小明 ' where UserID=1

【任务实施】

步骤一

在 Dreamweaver 中添加页面“text_update.php”，根据 form 表单提交的文章编号 id 和标题 title、内容 content 进行更新操作，如图 5-18 所示。

```
<!doctype html>
<html lang="cn">
<head>
    <meta charset="UTF-8">
    <title>添加文章到MySQL数据中</title>
</head>
<body>

    <h4>PHP操作MySQL数据库</h4>
    <h1>修改数据（提交）</h1>

    <!--form表单，利用post方法，将数据提交到text_insert_do.php页面-->
    <form method="post" action="text_update_do.php">
        编号：<input type="text" name="id" style="width:300px;"><br><br>
        标题：<input type="text" name="title" style="width:300px;"><br><br>
        内容：<textarea name="content" style="width:300px; height:100px;"></textarea><br><br>
        操作：<input type="submit" value="修改文章">
    </form>

</body>
</html>
```

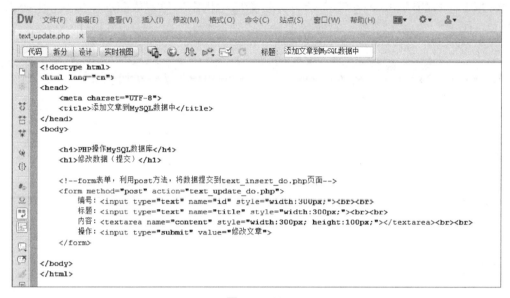

图 5-18

步骤二

提交修改数据的表单页面效果，如图 5-19 所示。

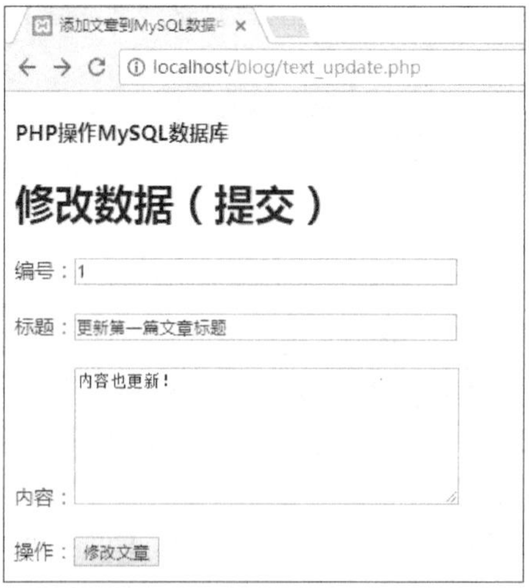

图 5-19

步骤三

添加页面“text_ update_do.php”，应用 PHP 中的 $_POST 全局变量获取到数据（数组），将获取到的数据更新到数据库中，如图 5-20 所示。

图 5-20

步骤四

text 数据表中,id 为 1 的记录已经被修改,如图 5-21 所示。

图 5-21

【任务拓展】

在实际的项目中，要检查修改的记录是否存在，存在才执行修改操作，否则就提示没有该文章。结合本项目任务2的查询操作，完成这个检查。

【任务评价】

教师评语：

结合本任务的学习，对照下列学习评价指标在指定的位置依照非常满意、比较满意、满意、不满意、非常不满意（对应分值分别为5、4、3、2、1）对自己的学习结果进行反思、评价。

序　号	评 价 指 标	自 我 评 价
1	理解使用 get 方法通过 URL 提交表单数据	
2	理解 MySQL 的修改（更新）语句	
3	掌握使用 mysqli_query() 函数执行数据库操作的方法	
4	理解 mysqli_query() 函数的返回值	

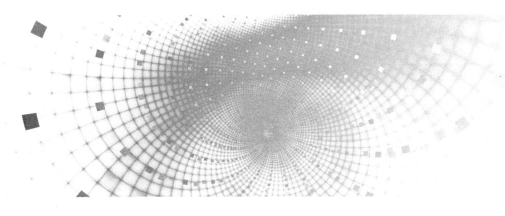

项目6 发布与维护网站

学习任务

- ➤ 网站信息发布。
- ➤ 网站测试技术。
- ➤ 网站的基本维护。
- ➤ 网站的安全性技术与方法。

学习目标

- ➤ 熟悉网站发布工具，掌握网站发布方法技巧，实现本地信息发布。
- ➤ 了解网站测试的内容，熟悉兼容性测试和链接测试方法，能快速对网站进行测试。
- ➤ 熟悉网站维护方法技能，能对网站和服务器进行安全维护。
- ➤ 熟悉网站的安全性技术与方法，做好网站维护。

任务1 发布网站信息

【学习目标】

1）用设计工具设置站点信息。

2）发布站点。

【任务分析】

在有了网站空间和域名后，可以把制作好的网页文件上传到服务器中，世界各地的人们可以通过域名来访问该网站。发布的方式主要有两种，一种是用设计工具上传，另一种是用FTP方式上传。

本任务以 Dreamweaver 工具为例，将网站的本地站点上传至教师指定的服务器空间中。

1. 设置站点信息

前面创建的是本地站点，如果要让更多的人访问已创建好的网站，就要先为该站点设置远程站点的相关信息，如图 6-1 所示。

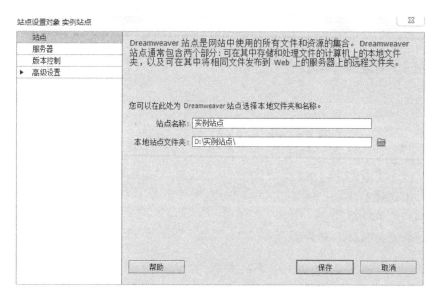

图 6-1

2. 用设计工具发布站点

在设置好本地站点和远程站点之后，远程站点此时还是空的，下面要将编辑好的网页文件从本地站点上传到 Web 服务器（远程站点）中，或者后期维护时从远程的服务器（远程站点）下载文件到本地站点中。

在 Dreamweaver 中"文件"面板中的工具按钮，可以实现本地站点和远程站点之间文件的传送。常用按钮的说明如下。

1）"连接"按钮：用于连接到远程站点或断开与远程站点的连接，只有连接后才能进行文件的上传或下载。此按钮仅在通过 FTP 连接时可用。在默认情况下，如果 Dreamweaver 已空闲 30min 以上，则将断开与远程站点的连接（仅限 FTP）。在"首选参数"对话框中可以更改时间限制。

2）"刷新"按钮：刷新本地和远程目录列表。

3）"下载文件"按钮：用于将选定文件从远程站点复制到本地站点，如果该文件有本地副本，则将其覆盖。

4）"上传文件"按钮：从本地站点复制选定文件或文件夹到远程站点。

5）"扩展 / 折叠"按钮：最大化"文件"面板，最大化后左边为远端站点内容，右边为本地文件内容，如图 6-2 所示。

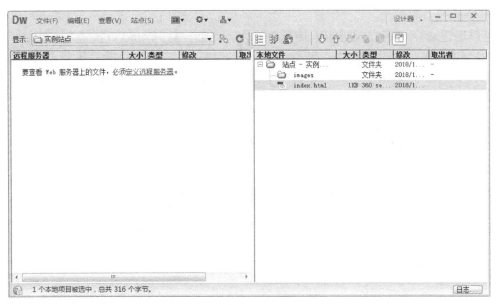

图　6-2

在 Dreamweaver 中对文件的传送操作包括上传、下载和同步 3 种，在 Dreamweaver 中都可以通过"文件"面板来完成。

1）上传。上传是指将本地文件传送给远端网络上的服务器。上传后世界各地的人们可以在互联网上看到该网页。凡是在网站中用到的图像、音频、视频、Flash 动画等素材资源都一起上传到服务器才能正常显示和播放。

在 Dreamweaver 中上传需要在"文件"面板中完成，可以上传单个文件，也可以上传整个文件夹甚至整个站点。

方法一：在本地视图中选中要上传的文件或文件夹，如果上传整个站点，则应选择站点根文件夹，再单击"上传文件"按钮。上传整个站点时会打开对话框要求进行确认。

方法二：在本地视图中选中要上传的文件或文件夹，如果上传整个站点，则应选择站点根文件夹，单击鼠标右键，在弹出的快捷菜单中选择"上传"命令。

2）下载。下载指将远程站点中的文件或整个远程站点复制到本地站点中。下载和上传一样，也有两种方法。

方法一：在远程视图中选中要下载的文件或文件夹，单击"下载文件"按钮。

方法二：在远程视图中选中要下载的文件或文件夹并单击鼠标右键，在弹出的快捷菜单中选择"获取"命令。

3）同步。在本地和远程站点上创建文件后，使用网站同步功能，使远程站点和本地站点内容同步，这样在本地站点进行维护后，可以根据文件的新旧自动更新远端服务器的文件和文件夹。如果远程站点为 FTP 服务器（而不是联网的服务器），则使用 FTP 来同步文件。

3. 用 FTP 方式上传网页文件

除了用设计工具上传外，制作好的网页文件还可以用 FTP 的方式直接上传到服务器中，这是更常用和普遍的一种上传方式。FTP 可以直接在浏览器中打开，以"复制""粘贴"这种更直接的方式上传或下载。下面介绍直接使用 FTP 上传来完成任务。

可以通过命令行的方式进行上传网页操作，比如，打开 cmd 直接输入 FTP 命令。当然也可以使用第三方 FTP 工具，如 FlashFXP，它以速度快并支持断点续传著称。但如果手头没有可用的 FTP 软件，那么还是可以直接通过地址栏来打开 FTP 服务器，操作步骤如下。

步骤一

在运行、浏览器或者资源管理器的地址栏中输入"FTP://"，后面输入 FTP 服务器的地址，如"122.0.75.204"，如图 6-3 所示。

图　6-3

步骤二

连接时会打开"登录身份"对话框，如图 6-4 所示。输入用户名"admin"和密码，单击"登录"按钮。

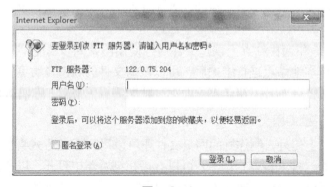

图　6-4

步骤三

登录后可以看到网站上的内容，此时可以像使用计算机中的本地文件夹一样把网页文件复制、粘贴过去。

温馨提示

网站发布注意事项

1）使用 FlashFXP 无法上传文件。

如果使用 FlashFXP 无法上传文件，则可能是以下几个原因。

首先应该检查 FTP 主机名、用户名及密码填写是否正确。然后看一看网站的 FTP 服务器名称、IP 地址是否发生了改变，一般在网站的疑难解答论坛或留言簿中即可找到解决方法。

2）用浏览器浏览网页时，有一个文件提示找不到。

检查该文件的文件名、文件是否在指定目录，文件名是否为中文等。还要注意链接的文件名与该文件名是否都是大小写字母。

3）在本地机上预览时网页一切正常，但是传到网上之后显示不出图片。

查看图片是否已经传到了指定目录，该文件的长度是否为零？如果是，则需要重新传送此文件。查看图片路径是否正确，尤其注意不要使用绝对路径。例如，下面的典型错误，源文件来自本地磁盘，所以在本地机器上能正常显示，上传到远程服务器则无法显示。

错误路径：file://D/images/ty.jpg。

正确路径：images/ty.jpg。

4）覆盖了原来的文件，但网上显示的还是原来的文件。

直接删除原来的文件再上传即可，这一般是网站服务器的问题。

5）上传网页后，用浏览器不能浏览，而用 FlashFXP 即可以查到并下载，这可能是以下几种情况。

① 首页文件名不符合系统要求，如系统要求首页文件名为"index.html"，而自己的文件名是"index.htm"，这时就会出现看不到首页的情况。

② 文件没有传完或异常中断，也可能需要延迟一段时间才能看到首页。

③ 上传的文件目录错误。

【任务评价】

教师评语：

结合本任务的学习，对照下列学习评价指标在指定的位置依照非常满意、比较满意、满意、不满意、非常不满意（对应分值分别为 5、4、3、2、1）对自己的学习结果进行反思、评价。

序 号	评 价 指 标	自 我 评 价
1	了解发布的作用	
2	了解 FTP 的概念	
3	清楚常用工具的站点发布功能	
4	能够熟练地发布站点	
5	了解网站发布注意事项	

任务 2　网站测试

【学习目标】

1）了解网站测试的内容。

2）熟悉兼容性测试的方法。

3）熟悉链接测试的检查。

4）能快速对网站进行测试。

【任务分析】

网站开发完成后，需要对网站进行测试，该任务通过实例网站，使用 Dreamweaver 对网站页面进行测试。

在网页的编辑过程中可能会存在一些错误和失误，因此在将网站发布出去之前，最好进行一些测试，以保证页面外观、链接和效果等内容符合最初的设计。

【相关知识】

1. 浏览器的兼容性测试

由于现有浏览器的版本众多，各个版本之间又不完全兼容，因此网页设计人员在设计完所有页面后，就需要对其进行兼容性测试，测试的目的是为了检查网站中是否有目标浏览器所不支持的标签或属性等元素，以便设计人员进行改进。

2. 页面链接测试

超链接是网站中最重要的元素之一，因此，除了检查浏览器的兼容性外，还应该对网站中页面的链接做检查，以保证用户浏览网页时可以到达准确的位置。

3. 测试环境与工具

配置测试环境是测试实施的一个重要阶段，测试环境适合与否会影响测试结果的真实性和正确性。测试环境包括硬件环境和软件环境，硬件环境指测试必需的服务器、客户端、网络连接设备以及其他外部设备所构成的环境。软件环境指服务器中的操作系统、数据库及其他软件构成的环境。

测试工具是保证质量控制、管理与检测的重要手段，比如 PHPUnit 测试框架、压力测试工具 Webbench 等。

【任务实施】

下面来完成一个网站发布前普通的测试任务。

步骤一

浏览器的兼容性测试。

选择"窗口→结果"命令，打开"结果面板"对话框，在其中选择"目标浏览器检查"选项卡，将显示对话框，如图 6-5 所示。

图 6-5

该功能主要是检查页面是否被浏览器支持，因此检查之前应先设置使用哪些浏览器。

在对话框中"信息列表区"的空白区域上单击鼠标右键，在弹出的快捷菜单中选择"设置"命令，在打开的"目标浏览器"对话框中即可设置浏览器的种类。

在"目标浏览器检查"对话框中的"显示"项中，用户可以选择是检查当前文档还是检查整个站点。然后单击"目标浏览器检查"按钮，会弹出一个选择菜单，在其中可以选择"为当前文档检查目标浏览器" 3 个选项，Dreamweaver 会根据用户的选择进行目标浏览器的检查，然后将结果显示在"信息列表区"中。

如果网页开发者想查看更多信息，则可以先选中"信息列表区"中的条目，然后单击"更多信息"按钮，就会显示更多信息，在其中 Dreamweaver 会告诉开发者哪些元素将不能在某些浏览器中使用，以及是否会影响显示等内容。

开发者如果想查看本次检查的整体报告，则可以单击"浏览报告"按钮，将会打开"目标浏览器检查报告"窗口。

步骤二

页面链接测试。

在"结果面板"对话框中选择"链接检查器"选项卡，将显示如图 6-6 所示的对话框。单击绿色三角形状的"检查链接"按钮，将会出现"检查当前文档中的链接""检查整个当前本地站点的链接""检查站点中所选文件的链接" 3 个选项，设计人员根据需求进行选择，然后 Dreamweaver 会进行检查，结果将显示在"信息列表区"中。也可以选择"显示"项中列出的 3 个选项，以便查看不同的内容，这 3 个选项分别是：

1）断掉的链接。表示链接文件在本地磁盘没有找到。

2）外部链接。表示链接到站点外的文件。

3）孤立文件。表示没有进入链接的文件。

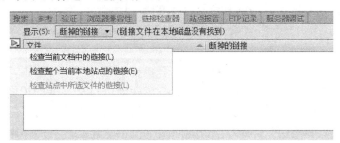

图 6-6

实际工作环境测试

不管工具提供哪些测试功能，都不如在实际的工作环境中进行测试准确，因此开发者可以将整个网站上传到服务器中，然后在客户机上浏览并进行检查。

在实际环境中测试，特别要注意检查以下几项内容。

1）页面的外观和显示效果是否正确。

2）页面中引用的图片文件和其他文件是否正常显示。

3）页面中的超链接是否有效并指向正确的目标。

为了更好地测试网站，开发者应使用不同的客户机以及不同的浏览器进行检查。

【任务评价】

教师评语：

结合本任务的学习，对照下列学习评价指标在指定的位置依照非常满意、比较满意、满意、不满意、非常不满意（对应分值分别为5、4、3、2、1）对自己的学习结果进行反思、评价。

序　号	评 价 指 标	自 我 评 价
1	了解网站测试的方法	
2	了解实际环境中测试的意义	
3	清楚浏览器兼容性测试	
4	熟练进行网站链接测试	

 网站基本维护

【学习目标】

1）了解网站基本维护的范围。

2）能掌握网站基本维护的方法和需要注意的事项。

【任务分析】

网站创建完成并上传到空间后需要定期或不定期地进行基本维护和更新内容，这样才能适应市场的变化，不断地吸引更多的浏览者，提高访问量。当然，对于网站来说，只有不断地更新内容，才能保证网站的生命力，否则网站不仅不能起到应有的作用，反而会对企业自身形象造成不良影响。本任务将对网站维护的方法进行介绍。

【相关知识】

网站的基本维护大致需要3方面，对服务器的软硬件进行维护、对网站的内容更新、对网站经常备份。

【任务实施】

步骤一

服务器的软件系统应及时更新，对于操作系统就及时安装系统补丁，所使用的杀毒软件也应及时更新。

对于网站的硬件系统，如CPU、内存、硬盘等硬件要根据网站访问量的增加及时添加或升级，以保证用户对网站的流畅访问。

步骤二

网站建设好并运营的时候，时不时都需要更新内容。例如，新增产品，对产品的图片进行专业处理使其更适合展现在网站中，或者当网站中一些布局设计需要进一步拓展的时候，对页面设计进行一些更改，这些都是常见的信息数据维护工作。但如何快捷方便地更新网页，提高更新效率，则是后台管理平台的重要使命。

步骤三

作为网站的管理者，在面对错综复杂的网络环境时，必须保证网站的正常运行，但很多情况是无法预测和掌控的，如黑客的入侵、硬件的损坏、人为的误操作等，都可能对网站产生毁灭性的打击。所以应该定期备份网站数据，在遇到意外时能将损失降到最低。网站备份并不复杂，可以通过网站系统自带的一些备份功能轻松实现，最重要的是建立起网站备份的观念和习惯。

（1）文件备份

网站文件有变动的情况下，肯定是要备份一次，如网站模板变更、网站功能增删。一般来说，由于文件的变动频率较小，备份的周期相对较长，可以在每次变动网站相关文件前进行网站文件的备份，对于网站文件或者说整站目录的备份，一般可以通过远程目录打包的方式，将整站目录打包并且下载到本地，这种方式是最简便的。而对于一些大型网站，网站目录下的相关文件直接下载到本地，根据时间在本地实现定期打包和替换。这样可以最大限度地保证网站的安全性和完整性。

（2）数据库的备份

网站文件损坏可以通过一些技术还原手段来实现，如果模板文件丢失，则换一套模板；如果网站文件丢失，则可以再重新安装一次网站程序；但如果数据库丢失，就太难挽救了。对于网站数据库而言，变动的频率就很大了，相对来说备份的频率会更频繁一些。有这样的需要可以在后台管理中加上数据库一键备份之类的功能，自动备份到指定的网站文件夹中。当然还可以用FTP工具将远程的备份数据库下载到本地，真正实现数据库的本地、异地双备份。

内容更新可以考虑以下几个方面

第一，网站建设初期，要对后续维护给予足够的重视，保证网站后续维护所需的资金和人力。很多网站建设时很舍得投入资金，可是网站发布后，维护力度不够，信息更新工作跟不上，这很可能将直接导致网站无人问津。

第二，要从管理制度上保证网站信息收集审查的通畅和信息发布流程的合理性。网站上各栏目的信息往往来源于多个业务部门，要进行统筹考虑，确立一套从信息收集、信息审查到信息发布的良性运转的管理制度，既要考虑信息的准确性和安全性，又要保证信息更新的及时性，要解决好这个问题，需要领导的重视。

第三，在建设静态网站的过程中要对网站的各个栏目和子栏目进行尽量细致的规划，在此基础上确定哪些是经常要更新的内容，哪些是相对稳定的内容。根据相对稳定的内容设计网页模板，在以后的维护工作中，这些模板不用改动，这样既省费用，又有利于后续维护。

第四，对经常变更的信息，可以采用基于数据库的动态网站，在网站开发过程中，不但要保证信息浏览的方便性，还要保证信息维护的方便性，这样后台管理的设计则尤为重要。

【任务评价】

教师评语：

结合本任务的学习，对照下列学习评价指标在指定的位置依照非常满意、比较满意、满意、不满意、非常不满意（对应分值分别为5、4、3、2、1）对自己的学习结果进行反思、评价。

序　号	评价指标	自我评价
1	了解网站的基本维护技能	
2	了解网站数据备份工作的重要性	
3	熟练使用网站服务器保护方法	

 任务4　网站安全

【学习目标】

1）了解网站安全技术的概念。

2）熟悉简单的网站服务器安全技术。

3）熟悉简单的网站程序安全技术。

4）能利用网站安全性技术自主地查找并做好防范。

【任务分析】

当网站搭建完成后，就是日常的维护和推广，在日常维护过程中，除了打理正常的网站访问事务，站长最为关心也最为担忧的就是网站的安全，一个站点会遇到哪些可能的攻击，如何做好防范，需要从技术角度对相关的知识有所分析和了解，做到有备无患。

【相关知识】

1. 网站可能遇到的安全威胁

在网站的日常运行中，经常会出现如下的安全问题：

1）Web 服务器上存在不允许他人随意访问的文件、目录或重要数据（如网站的数据库、用户的付款信息、个人信息等）。

2）远程用户和服务器进行交互时，中途被不法分子非法拦截。

3）Web 服务器本身存在的漏洞，使得一些黑客能够利用漏洞入侵主机，从而窃取信息，破坏信息，甚至控制整个服务器。

4）采用技术手段攻击 Web 服务器，导致服务阻塞或者服务器死机，给网站运营者造成损失。

5）网站编写时代码存在漏洞，被黑客利用来获取认证信息、上传恶意信息等，给用户及网站带来损失和影响。

2. 网站安全性技术所涉及的环节

网站是信息的载体，通过万维网技术搭建的平台将客户需要的信息展现到客户面前。通常客户对网站的访问过程如图 6-7 所示。

图　6-7

客户端发出数据访问请求到 Web 服务器，Web 服务器根据客户请求到数据库服务器中搜索相应的数据并返回结果给 Web 服务器，Web 服务器将结果通过网页展现给客户。安全技术便是围绕着这些细节来进行设计的。

3. 网站安全性技术的实现目标：保密、完整、可用

信息是一种有意义的消息，可以用文字、声音、图像、视频等式展现出来。信息虽然很抽象，但信息是有价值的财产，如果遭到泄露、修改和破坏是会造成影响甚至是巨大损失的。因此，信息安全主要从 3 个方面描述，即保密性、完整性和可用性。

保密性要求保护数据内容不能泄露，加密是实现保密性要求的常见手段。

完整性要求保护数据内容是完整、没有被篡改的，常见的手段是数字签名。

可用性要求保护资源是"随用随到"的，这里主要指的是被授权的实体及时、正常地用。

除此之外，通常还可以给信息安全加上可认证（有的叫可审计）性和不可否认（或叫不可抵赖）性，但这些属性也都是基于信息安全三要素来扩展的。

4. 网站常用的安全防范技术

网站常用的安全防范技术主要分为两个部分，一个是针对所在服务器的操作系统，一个是针对 Web 站点本身服务的。

针对服务器操作系统的常用安全防范技术有：安装网络防病毒软件、定时操作系统安全更新、启用防火墙、采用 NTFS、更改系统管理员账号、限制管理员数量和权限、关闭服务器不必要的协议和服务端口、建立黑名单和白名单制度等。

针对 Web 站点本身服务的常用安全防范技术有匿名访问和身份验证控制、IP 地址及域名限制、访问权限控制等。

【任务实施】

一、配置 Windows 系统自动更新（以 Windows Server 2008 R2 Enterprise 为例）

步骤一

在开始菜单中打开控制面板，找到"系统和安全"下的"Windows Update"，如图 6-8 所示。

图 6-8

步骤二

打开"Windows Update"界面，单击"检查更新"按钮，Windows 将自动搜索需要安装的更新并进行安装，如图 6-9 和图 6-10 所示。

图　6-9

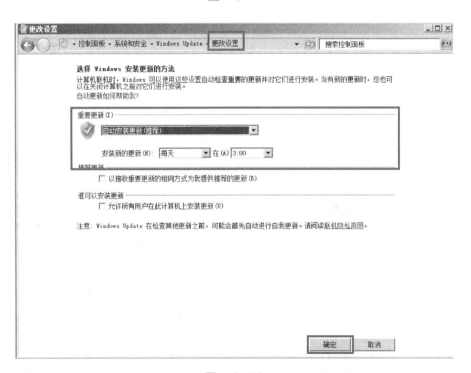

图　6-10

步骤三

单击"更改设置"链接，对 Windows 自动安装更新进行设置，单击"确定"按钮完成设置，如图 6-11 所示。

图 6-11

二、启用和配置 Windows 防火墙

步骤一

在"控制面板"→"系统和安全"中打开"Windows 防火墙",如图 6-12 所示。如果防火墙没有打开,则单击左侧的"打开或关闭 Windows 防火墙"即可,如图 6-13 所示。

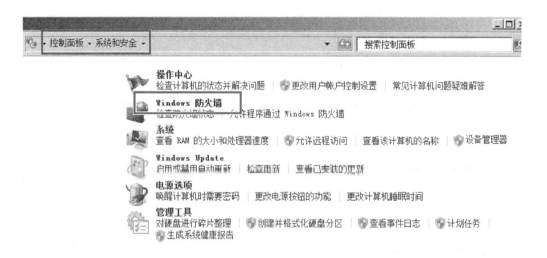

图 6-12

图　　6-13

步骤二

选择"启用 Windows 防火墙"，然后单击"确定"按钮，如图 6-14 所示。

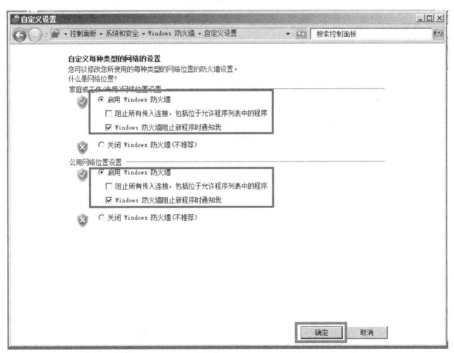

图　　6-14

步骤三

配置允许通过防火墙的应用程序和服务，单击"Windows 防火墙"界面下的"允许程序或功能通过 Windows 防火墙"，选择允许的程序，如图 6-15 所示。

步骤四

在"允许的程序"窗口中将允许通过防火墙的程序选中，并选择相应的"家庭 / 工作（专用）"和"公用"复选框（通常选择"家庭 / 工作（专用）"复选框即可），如图 6-16 所示。

图　6-15

图　6-16

步骤五

有些没有列出的程序和服务可以通过选择"高级设置"→"入站规则"→"新建规则"命令来创建，如图 6-17 和图 6-18 所示。

图　6-17

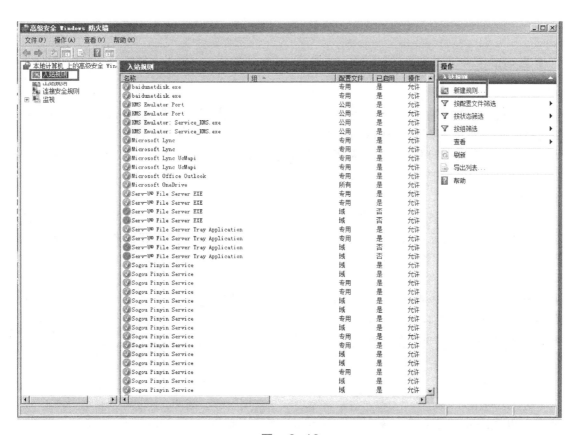

图　6-18

步骤六

在向导的引导下建立相应的入站规则，如图 6-19 所示。

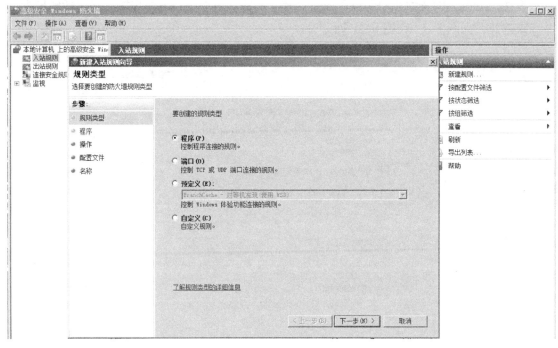

图　6-19

扩展阅读

什么是计算机的端口

在网络技术中，端口（Port）主要有两种意思：一是物理意义上的端口，比如，ADSL Modem、集线器、交换机、路由器用于连接其他网络设备的接口，如 RJ-45 端口、SC 端口等；二是逻辑意义上的端口，一般是指 TCP/IP 中的端口，端口号的范围从 0 ～ 65 535，比如用于浏览网页服务的 80 端口，用于 FTP 服务的 21 端口等。这里讨论的主要是逻辑意义上的端口。

在 Internet 上，各主机间通过 TCP/IP 发送和接收数据包，各个数据包根据其目的主机的 IP 地址来进行互联网络中的路由选择，把数据包顺利传送到目的主机。大多数操作系统都支持多程序（进程）同时运行，那么目的主机应该把接收到的数据包传送给众多同时运行的进程中的哪一个呢？显然这个问题有待解决，端口机制便由此被引入进来。例如，如果把 IP 地址比成一间房子，端口就是出入这间房子的门。真正的房子只有一个门，但是一个 IP 地址可以有 65 536 个端口，计算机上运行的各个联网的程序正是通过不同的事先约定好的门来进出同一个 IP 地址，从而达到同时通信而不会相互干扰的效果。

端口的分类：

1）公认端口：从 0 ～ 1 023，紧密绑定于一些常用服务，例如，网页服务的默认端口号是 80，也就是说，网址"http://www.baidu.com"实际上是省略了"http://www.baidu.com:80"后面的 80 端口号。

2）注册端口：从 1024 ～ 49 151，它们松散地绑定于一些服务。也就是说有许多服务绑定于这些端口，这些端口同样用于许多其他目的。例如，许多系统处理动态端口从 1024 左右开始，可以分配给用户进程或应用程序。例如，需要在同一台服务器上安装多个网站程序，那么就可以使用"http://127.0.0.1:8080"或者"http://127.0.0.1:8081"来进行分配。

3）动态端口：从 49 152 ～ 65 535，之所以称为动态端口是因为它一般不固定分配某种服务，而是动态分配。

端口在入侵中的作用：如果把端口比喻成进入房子的门，就意味着黑客想要入侵这间房子，势必要先弄清楚这个房子究竟有多少扇门是开放（提供服务）的，通过开放的端口入侵者可以知道目标主机大致提供了哪些服务，进而猜测可能存在的漏洞。

三、在 TCP/IP 设置中设置端口筛选（Windows Server 2003）

步骤一

在"控制面板"中打开"网络连接"，如图 6-20 所示。

图 6-20

步骤二

双击"网络连接"图标，打开"本地连接状态"对话框，单击"属性"按钮，在打开的"本地连接属性"对话框中找到"Internet 协议（TCP/IP）"，选中后单击"属性"按钮，打开"Internet 协议（TCP/IP）属性"对话框，单击"高级"按钮，打开"高级 TCP/IP 设置"对话框，如图 6-21 所示。

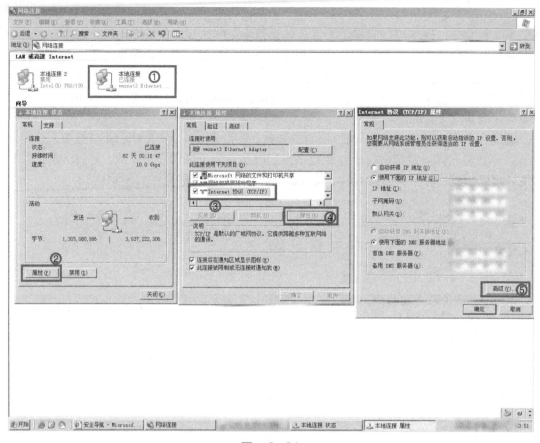

图 6-21

步骤三

在"高级 TCP/IP 设置"对话框中找到"选项"选项卡，选中"TCP/IP 筛选"后，单击"属性"按钮，打开"TCP/IP 筛选"对话框，如图 6-22 所示。

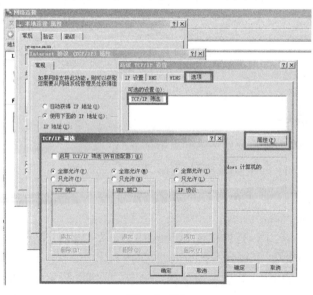

图 6-22

步骤四

勾选"启用 TCP/IP 筛选",将"全部允许"改为"只允许",单击"添加"按钮将需要提供服务的端口号填写进去即可,如图 6-23 所示。

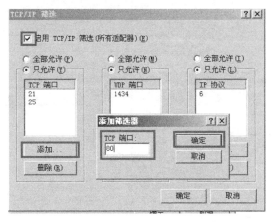

图 6-23

步骤五

如果需要删除端口,则只需要单击该端口号,然后单击"删除"按钮即可。

<扩展阅读>

TCP、UDP 与服务器常用的端口号

网络上不同设备之间进行通信,还必须遵循相应的通信规则,叫作"协议"。常见的协议有 TCP/IP 与 UDP。TCP 端口即传输控制协议端口,需要在客户端和服务器之间建立连接,这样可以提供可靠的数据传输。常见的包括 FTP 服务的 21 端口、Telnet 服务的 23 端口、SMTP 服务的 25 端口以及 HTTP 服务的 80 端口等。UDP 端口即用户数据报协议端口,无须在客户端和服务器之间建立连接,安全性得不到保障。常见的有 DNS 服务的 53 端口、SNMP(简单网络管理协议)服务的 161 端口、QQ 使用的 8000 和 4000 端口等。在网站服务器进行安全配置时,根据实际需要来对防火墙或 TCP/IP 筛选器进行相应的设置。

四、进行 IIS6 的安全配置(以 WebSite1 站点为例)

步骤一

首先打开 IIS 管理器,在"主目录"选项卡中将默认站点重命名为 WebSite1 并将主目录指向"D:\wwwroot\WebSite1"目录,如图 6-24 所示。

步骤二

单击"配置"按钮进入应用程序配置,在应用程序扩展栏中删除必须之外的任何无用映射。只保留确实需要用到的文件类型,比如 ASP、ASPX、shtml 等,一般的 Web 服务器应用有其中两个映射就够了,如图 6-25 所示。

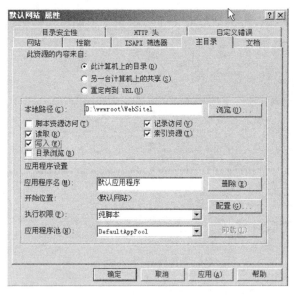

图 6-24   图 6-25

步骤三

在"选项"选项卡中，勾选中"启用父路径"复选框。如果确定程序不会有调用父路径的代码，最好不要选择此项，安全性会更强一些，如图 6-26 所示。

步骤四

在"调试"选项卡中，在"脚本错误的错误消息"选项组中，选中"向客户端发送下列文本错误消息"单选按钮，填写其中的内容。否则 ASP 脚本出错时出错信息很可能会向客户端显示数据库路径、程序代码、结构、参数等重要信息，如图 6-27 所示。

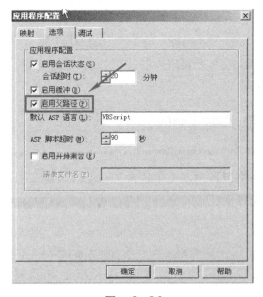
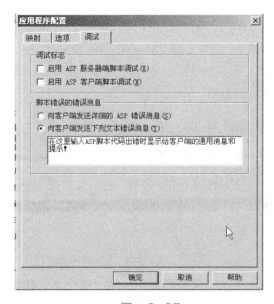

图 6-26   图 6-27

步骤五

在"目录安全性"选项卡中绑定匿名用户账号。在站点属性对话框中的"目录安全性"选项卡，单击"身份验证和访问控制"下的"编辑"按钮，勾选"启用匿名访问"复选框，并单击"浏览"按钮，选择之前为此站点（WebSite1）分配的匿名用户账号 IISUSER_01，输入该用户的密码，提示再次输入确认密码。如无则留空即可。操作如图 6-28 和图 6-29 所示。

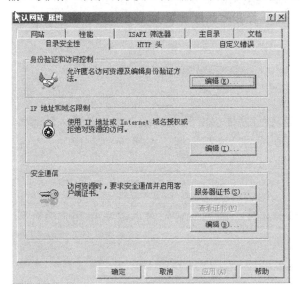

图　6-28

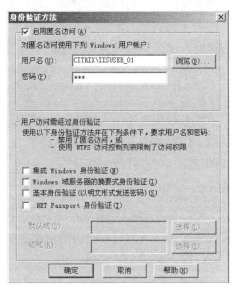

图　6-29

【知识补充】

除了服务器系统及 Web 服务本身漏洞外，网站的代码编写不严谨也会产生漏洞，需要了解代码逻辑漏洞产生的原因，严谨编写代码，以保障网站的安全。

目前网站攻击的手段主要有：SQL 注入、XSS 攻击、CSRF 攻击、SSRF 攻击等。需要了解它们的攻击方法，才能避免的在编写代码留下漏洞，做到代码安全。

扩展阅读

1. SQL 注入

SQL 注入是比较常见的网络攻击方式之一，它不是利用操作系统的 Bug 来实现攻击的，而是针对程序员编程时的疏忽，通过 SQL 语句实现无账号登录，甚至篡改数据库。

例如：

一个正常的 SQL 语句：

Select password from user where username='admin'

在实际实现中（以 Java 为例）：

1) String username = request.getParameter("username");

2) String sql = "select password from user where username=' "+username+" ' ";

当通过表单向后端传入的 username 参数值为 admin 时，SQL 就变成上面所示的语句，SQL 执行就得到 admin 用户对应的 password。如果用户恶意输入 username 的参数为：

' and 1=2 union select '123456 ;   mysql 数据库

那么 SQL 语句就变成：

Select password from user where username –' ' and 1=2 union select '123456';

执行 SQL，得到的结果是 123456。

这种将 SQL 指令输入到原来的 SQL 指令中执行的方式，就是所谓的 SQL 注入攻击。攻击者通过精心构造输入参数，可以在相当大的范围内以当前用户的权限读写数据库。

由上面可知，SQL 注入攻击的根本原因是拼接 SQL 语句。因此，防范 SQL 注入漏洞的最好方法是使用参数化查询。

```
String sqlcmd = "select Password from CMS_SYS_USERS where Username = ?";
PreparedStatement stmt =con.prepareStatement(sqlcmd);
stmt.setString(1, request.getParameter("UserName"));
```

在参数化查询中，数据库在读取参数前首先完成对 SQL 语句的编译。不论输入的参数如何、内容转义与否，都不会作为 SQL 代码（而是二进制数据）来执行 SQL 语句。采用这种措施，可以杜绝大部分的 SQL 注入式攻击。

2. XSS 攻击

XSS 是一种经常出现在 Web 应用中的计算机安全漏洞，它允许恶意 Web 用户将代码植入到提供给其他用户使用的页面中。

一段正常的 JSP 代码：

```
<span><%=title%></span>
```

将变量 title 显示在页面上。这种做法本身是为了满足功能需要，合情合理，但是如果参数 title 的内容是由恶意用户控制的：

```
<script> 恶意 JavaScript 代码 </script>
```

页面内容就会变成：

```
<span><script> 恶意 JavaScript 代码 </script></span>
```

加载该页面的用户就会在浏览器上执行这段 JavaScript 代码。

防范措施：

对输出数据使用 HtmlEncoder 将一些字符做转义处理，所有 HTML 和 XML 中输出的数据，都应该做 HTML escape 转义，见表 6-1。

表 6-1

需作转义的字符	字符实体编码
&	&amp;
<	&lt;
>	&gt;
"	&quot;
'	&#39;
/	&#47;

例如：

```
<span><%=ESAPI.encoder().EncoderForHTML("<script>alert(document.cookie)</script>","HTML")%></span>
<span>&lt;script&gt;alert(document.cookie)&lt;/script&gt;</span>
```

3. CSRF 攻击

CSRF 就是跨站请求伪造攻击（Cross-Site Request Forgery），是一种劫持被攻击者浏览器发送 HTTP 请求到目标网站触发某种操作的漏洞。

CSRF 攻击可以从站内和站外发起：

从站内发起 CSRF 攻击，需要利用网站本身的业务，比如"自定义头像"功能，恶意用户指定自己的头像 URL 是一个修改用户信息的链接，当其他已登录用户浏览恶意用户头像时，会自动向这个链接发送修改信息请求。

例如：

1）<form name="form1" method="post" action="http://10.81.10.201/cms/admin/user.action.php">

2）<input name="act" value="add">

3）<input name="username" value="hacker">

4）<input name="password" value="hacker">

5）<input name="password2" value="hacker">

6）<input name="userid" value="0">

7）</form>

8）<script language="javascript">

9）document.form1.submit();

10）</script>

当系统管理员登录系统并查看留言时，就会在管理员完全没有察觉的情况下，执行了恶意攻击者的 JavaScript 语句去创建用户名和密码都为 hacker 的用户。这样恶意攻击者就通过伪造请求的方式创建了 hacker 这个用户。

从站外发送请求则需要恶意用户在自己的服务器上放一个自动提交修改个人信息的 HTML 页面，并把页面地址发给受害者用户，受害者用户打开时会发起一个请求。如果恶意用户能够知道网站管理后台某项功能的 URL，则可以直接攻击管理员，强迫管理员执行恶意用户定义的操作。

防范措施：

CSRF 攻击最有效的手段就是使用不可猜测的字段。步骤如图 6-30 所示。

图　6-30

攻击者无法预测其他用户的随机 TOKEN 值，所以无法构造跨站链接或表单。类似的，图形验证码、短信验证码、UKey、要求再次输入密码等方式均对 CSRF 有效。

4. SSRF 攻击

SSRF（服务端请求伪造）漏洞是一种由攻击者构造形成由服务端发起请求的一个安全漏洞。

SSRF 形成的原因大都是由于服务端提供了从其他服务器应用获取数据的功能且没有对目标地址做过滤与限制。比如，从指定 URL 地址获取网页文本内容，加载指定地址的图片，下载等。

防御措施：

1）过滤返回信息，验证远程服务器对请求的响应是比较容易的方法。如果 Web 应用是去获取某一种类型的文件，那么在把返回结果展示给用户之前先验证返回的信息是否符合标准。

2）统一错误信息，避免用户可以根据错误信息来判断远端服务器的端口状态。

3）限制请求的端口为 HTTP 常用的端口，比如，80、443、8080、8090。

4）内网 IP 黑名单。避免应用被用来获取内网数据，攻击内网。

5）禁用不需要的协议。仅允许 HTTP 和 HTTPS 请求。可以防止类似于 "file:///" gopher:// "ftp://" 等引起的问题。

5. 任意文件上传和任意文件下载

任意文件上传，即服务器端没有对用户上传的文件类型做校验或者校验不完整，导致用户可以上传恶意文件到服务器。如下面的代码：

```
1）String filePath = getServletContext().getRealPath("/") + "GoodsImages";
2）File file = new File(filePath);
3）String saveName = UUID.randomUUID().toString() + ".";
4）if (!file.exists()){
5）file.mkdir();
6）}
7）SmartUpload su = new SmartUpload();
8）su.initialize(getServletConfig(), request, response);
9）su.upload();
10）saveName = saveName + su.getFiles().getFile(0).getFileExt();
11）String fileName = filePath + "/" + saveName;
12）if (su.getFiles().getFile(0).isMissing()){
13）out.print("<script>alert(' 请选择上传的图片！ '),window.location='GoodsAdd.jsp'</script>");
14）return;
15）}
16）su.getFiles().getFile(0).saveAs(fileName)
```

上传图片时没有限制上传文件的类型，此时上传的是一个 JavaScript 文件，如果其中含有恶意代码，那么系统很有可能受到攻击。因此，在上传文件时，一定要判断文件的类型是否合法。

任意文件下载漏洞形成的原因：

```
1)String filename = request.getParameter("file");
2)String absolutePath = WEB_PATH + "/" + filename;
3)WebUtils.downFile(absolutePath);
```

提交的文件路径没有进行过滤，就与其他目录路径进行字符串拼接。

此种情况下，利用 " /" 来遍历目录就可以下载任意文件。

防范措施：

1）文件上传的目录设置为不可执行。

2）判断文件类型。

3）使用随机数改写文件名和文件路径。

4）单独设置文件服务器的域名。

教师评语:

结合本任务的学习,对照下列学习评价指标在指定的位置依照非常满意、比较满意、满意、不满意、非常不满意（对应分值分别为 5、4、3、2、1）对自己的学习结果进行反思、评价。

序　号	评价指标	自我评价
1	了解网站安全性技术的基本概念	
2	能够配置 Windows 系统的更新	
3	能够简单地配置 Windows 防火墙或 TCP 端口号，放行 Web 服务	
4	能够建立网站专用虚拟账户并给文件夹配置权限	
5	能够进行简单的网站安全配置	

参 考 文 献

[1] 马涛. 网站建设与管理 [M]. 北京：机械工业出版社，2018.

[2] 尚晓航. 网站建设与管理 [M]. 北京：中国铁道出版社，2012.

[3] 宋一兵，王新宁. 网站建设与管理 [M]. 2 版. 北京：人民邮电出版社，2013.

[4] 李建青. 网站建设与管理维护 [M]. 北京：中国铁道出版社，2009.

[5] 周佩锋. 网站建设与管理 [M]. 济南：山东科学技术出版社，2016.

[6] 徐洪祥，李秋敬. 网站建设与管理案例教程 [M]. 3 版. 北京：北京大学出版社，2015.